Biophilosophie zur Einführung

Kristian Köchy

Biophilosophie zur Einführung

JUNIUS

Für Heike und Hannah

Junius Verlag GmbH
Stresemannstraße 375
22761 Hamburg
Im Internet: www.junius-verlag.de

Umschlaggestaltung: Florian Zietz
Titelbild: Ernst Haeckel, Stammbaum
Satz: Junius Verlag GmbH
Druck: Druckhaus Dresden
Printed in Germany 2008
ISBN 978-3-88506-650-7
(zur Einführung; 350)

Die Deutsche Nationalbibliothek – CIP-Einheitsaufnahme

Bibliografische Information Der Deutschen Nationalbibliothek
Die Deutsche Nationalbibliothek verzeichnet diese Publikation in der Deutschen Nationalbibliografie; detaillierte bibliografische Daten sind im Internet über <http://dnb.ddb.de> abrufbar

Zur Einführung …

… hat diese Taschenbuchreihe seit ihrer Gründung 1978 gedient. Zunächst als sozialistische Initiative gestartet, die philosophisches Wissen allgemein zugänglich machen und so den Marsch durch die Institutionen theoretisch ausrüsten sollte, wurden die Bände in den achtziger Jahren zu einem verlässlichen Leitfaden durch das Labyrinth der neuen Unübersichtlichkeit. Mit der Kombination von Wissensvermittlung und kritischer Analyse haben die Junius-Bände stilbildend gewirkt.

Von Zeit zu Zeit müssen im ausufernden Gebiet der Wissenschaften neue Wegweiser aufgestellt werden. Teile der Geisteswissenschaften haben sich als Kulturwissenschaften reformiert und neue Fächer und Schwerpunkte wie Medienwissenschaften, Wissenschaftsgeschichte oder Bildwissenschaften hervorgebracht; auch im Verhältnis zu den Naturwissenschaften sind die traditionellen Kernfächer der Geistes- und Sozialwissenschaften neuen Herausforderungen ausgesetzt. Diese Veränderungen sind nicht bloß Rochaden auf dem Schachbrett der akademischen Disziplinen. Sie tragen vielmehr grundlegenden Transformationen in der Genealogie, Anordnung und Geltung des Wissens Rechnung. Angesichts dieser Prozesse besteht die Aufgabe der Einführungsreihe darin, regelmäßig, kompetent und anschaulich Inventur zu halten.

Zur Einführung ist für Leute geschrieben, denen daran gelegen ist, sich über bekannte und manchmal weniger bekannte Autor(inn)en und Themen zu orientieren. Sie wollen klassische

Fragen in neuem Licht und neue Forschungsfelder in gültiger Form dargestellt sehen.

Zur Einführung ist von Leuten geschrieben, die nicht nur einen souveränen Überblick geben, sondern ihren eigenen Standpunkt markieren. Vermittlung heißt nicht Verwässerung, Repräsentativität nicht Vollständigkeit. Die Autorinnen und Autoren der Reihe haben eine eigene Perspektive auf ihren Gegenstand, und ihre Handschrift ist in den einzelnen Bänden deutlich erkennbar.

Zur Einführung ist in verstärktem Maß ein Ort für Themen, die unter dem weiten Mantel der Kulturwissenschaften Platz haben und exemplarisch zeigen, was das Denken heute jenseits der Naturwissenschaften zu leisten vermag.

Zur Einführung bleibt seinem ursprünglichen Konzept treu, indem es die Zirkulation von Ideen, Erkenntnissen und Wissen befördert.

Michael Hagner
Dieter Thomä
Cornelia Vismann

Inhalt

Vorüberlegung

Diese Einführung ist mit dem Ziel verfasst worden, die maßgeblichen Aspekte der aktuellen Diskussion zur »Biophilosophie« einführend wiederzugeben. Zugleich ist sie Ausdruck einer durchaus persönlichen Auffassung vom Forschungsfeld und spiegelt ein spezifisches Forschungsinteresse des Autors wider. Angesichts der schier unübersehbaren Fülle aktueller Literatur zu den unterschiedlichen Themen der Biophilosophie nimmt sie bestimmte Schwerpunktsetzungen vor. Notwendige Auslassungen in anderen Bereichen sind die Folge.

Die Überlegungen dieses Buches erfolgen vor dem Hintergrund eines bestimmten Verständnisses von Wissenschaftsphilosophie. In Abgrenzung von den Vorgaben der Logischen Empiristen versteht es Wissenschaftsphilosophie als Fusion von Wissenschaftstheorie, Wissenschaftsgeschichtsschreibung und Wissenschaftssoziologie. Nicht so sehr die klassische Frage nach der Bewertung von Theorien steht im Vordergrund, sondern der Versuch, das Gesamt der inner- und außermethodologischen Bereiche dieser Fachdisziplin darzulegen. Die Philosophie der Biologie wird somit als Theorie, als Geschichte und als Soziologie der biologischen Forschung verstanden. Diese Vorgehensweise stellt die Analyse unter kontextualistische Vorzeichen. Nicht allein die formale Bestimmung innermethodologischer Aspekte der Biologie ist ihr Ziel, sondern eine Darstellung und Erklärung unter Einbeziehung inhaltlicher Aspekte sowie unter Berücksichtigung mannigfaltiger außermethodologischer Rahmenbedingungen. Zugleich fächert diese Einführung das Spektrum der methodologischen Elemente auf: Beobachtungsweisen, Darstellungstechniken, Experimentalanordnungen, Modellierungsverfahren und Theoretisierungsansätze werden in ihrer Bedeutung für die Biologie gewürdigt. Mit dieser Art der Darstellung soll der spezifische Denkstil der Biologie – genauer die wechselnden Denkstile unterschiedlicher biologischer Subdisziplinen und Forschungsprogramme – dargelegt werden. Es geht darum, die Besonderheiten der Biologie im Sinne einer differenzierten Wissenschaftstypologie hervortreten zu lassen. Dies geschieht unter steter Einbindung von Überlegungen zum Gegenstandsbereich der Biologie. So ergibt sich eine Möglichkeit zur konsistenten Wiedergabe der Verbindungen zwischen den unterschiedlichen Feldern der biologischen Methodologie, die zugleich ihre Wechselwirkung deutlich macht. Mit der gegenüber der analytischen Wissenschaftstheorie erweiterten Perspektive können zudem klassische philosophische Positionen in die Darstellung integriert werden und müssen nicht mehr als sinnlose Metaphysik ausgeklammert werden. Zugleich wirft die kontextualistische Betrachtung die Frage nach der Verantwortung der Biowissenschaften insgesamt auf – und ermöglicht so einen Übergang von der theoretischen Biophilosophie zur Bioethik und zur Biopolitik.

Für wichtige Hinweise, weiterführende Anregungen und konstruktive Kritik zu früheren Versionen meines Textes bin ich Gottfried Heinemann, Nicole C. Karafyllis, Hans-Dieter Mutschler, Martin Norwig und Dirk Stederoth dankbar. Mein Dank gilt auch dem Junius Verlag für die Aufnahme des Bandes in die Reihe »Zur Einführung« sowie speziell Steffen Herrmann für die umsichtige Betreuung.

0. Warum eine Philosophie der Biologie?

Warum ist eine spezifische philosophische Erörterung der Biologie überhaupt notwendig? Welche Gründe gibt es, heute eine Philosophie der Biologie zu fordern, und welcher Anspruch sollte mit dieser Forderung verbunden sein? Ein nahe liegender Grund für die gewachsene Aufmerksamkeit der Philosophie auf die Biologie ist die in den letzten Jahrzehnten angestiegene öffentliche Resonanz biowissenschaftlicher Erkenntnisse und Verfahren. Für diesen Effekt lassen sich verschiedene Motive anführen, deren nähere Betrachtung bereits etwas über die Biologie aussagt, aber auch über den angemessenen Stil ihrer philosophischen Erörterung.

Ein *erstes Motiv* für die öffentliche Resonanz der biologischen Forschung wird bereits in den späten 1960er Jahren erkennbar. Es ist dies die im Zuge von Ökologiedebatte und Naturschutzfrage deutlich werdende Suche nach fachwissenschaftlichen Lösungen für drängende Umweltprobleme. Neben explizit interdisziplinären (Baumgärtner, Becker 2005) oder wissenschaftspolitischen Strategien (Küppers et al. 1978) gab es schon früh Versuche, gerade der biologischen Binnendisziplin Ökologie die Kapazität zur Lösung neu auftretender Probleme zuzusprechen. So behauptet August Thienemann (1956, 31), einer der Gründerväter der modernen Systemökologie, angesichts der kulturellen Eingriffe des Menschen in die Natur dränge sich die Frage auf, welche Folgen solche Eingriffe für den Haushalt der Natur hätten. Die Zusammenschau dieser Vorgänge gehöre ebenso in den Aufgabenbereich der allgemeinen Ökologie als »Wissenschaft vom Haushalt der Natur« wie die Aufgabe, »entsprechend zu raten und zu handeln«. Dementsprechend findet man in vielen Standardlehrbüchern der Ökologie nicht nur eine Darstellung des fachwissenschaftlichen Stands der Forschung, sondern auch explizite Verweise auf die gesellschaftliche und anthropologische Bedeutung der Disziplin (etwa Odum 1980, X f.). Für die Philosophie stellen sich hier sowohl theoretische als auch praktisch-moralische Fragen. Von Anfang an war also die philosophische Naturdebatte durch wissenschaftsphilosophische, naturphilosophische und umweltethische Diskussionen bestimmt (Köchy in Köchy, Norwig 2006, 11 f.). Angesichts des zu klärenden komplexen Problemgefüges wurden alsbald die Grenzen der »reinen« Wissenschaftstheorie erkennbar, und die externen sozialen, politischen und rechtlichen Rahmenbedingungen wurden in die Wissenschaftsphilosophie integriert (Küppers et al. 1978).

Ein *zweites Motiv* für die gesellschaftliche Bedeutung der Biologie, das sich im Unterschied zum ersten sowohl aus Hoffnungen als auch aus Ängsten speist, bildet die Diskussion über die zunehmend technisch und damit auch ökonomisch werdende Biologie. Aufmerksamkeit erzeugt vor allem die Tatsache, dass es vorrangig die elementaren Strukturen und Funktionen lebender Systeme sind, auf die sich die neuen technischen Gestaltungsmöglichkeiten der Biologie erstrecken. Auch diese »Biotechnik«, wie sie insbesondere in Molekularbiologie, Gentechnologie, Biotechnologie oder Nanobiotechnologie zum Tragen kommt, ist erst wenige Jahrzehnte alt. Mittlerweile hat eine Fülle von Innovationen und instrumentellen Neuerungen nicht nur großtechnische Anwendungen erlaubt. Vielmehr entstanden im Zuge des Human Genome Projects, der »Proteomik« (Untersuchung der Gene in den Wechselwirkungen mit ihren Proteinprodukten), der funktionalen Genomik und vor allem durch Einbeziehung von zellbiologischen, reproduktionsbiologischen und nanobiotechnologischen Verfahren eine ganze Reihe von neuen medizinischen und technischen Anwendungsfeldern. Diese sichern nicht nur die gesellschaftliche und ökonomische Bedeutung der Biologie, sondern sind für jeden einzelnen Menschen von erheblicher Brisanz. So werden neben der anthropologischen Frage nach der »Zukunft der menschlichen Natur« (Habermas 2001) im Zeitalter der Gentechnik zahllose ethische Probleme aufgeworfen (Haker et al. 1993), für die eine gesellschaftliche, rechtliche oder politische Regelung gesucht wird. Darüber hinaus bleibt die philosophische Auseinandersetzung mit Genetik und Gentechnik nicht auf die Ethik und die Anthropologie beschränkt. Sie umfasst zugleich weite Bereiche der Wissenschaftsphilosophie (Rehmann-Sutter 2005).

Ein *drittes Motiv* liefern die jüngsten Debatten um die Ergebnisse der kognitiven Neurobiologie. Diese haben Feuilletons und Öffentlichkeit erregt und die Philosophie aus dem »Lehnstuhl« einer primär sprachphilosophischen Erörterung in die Labors der Kognitionswissenschaftler getrieben. Auch diese Debatte garantiert die öffentliche Bedeutung der Biologie. Wieder geht es neben möglichen medizinischen Anwendungen vor allem um die Frage des gegenwärtigen Menschenbildes (Engels, Hildt 2005), und erneut ist die philosophische Auseinandersetzung nicht auf ethische und anthropologische Fragen beschränkt. Sie umfasst auch ein weites Feld rein theoretischer Aspekte (Pauen, Roth 2001). Wie im Fall von Gen- und Biotechnologie sind es bestimmte technisch-instrumentelle Entwicklungen, die gemeinsam mit einem spezifischen Forschungsprogramm die philosophische Bedeutung der Biologie bedingen. In der kognitiven Neurobiologie haben insbesondere rechnergestützte Verfahren der Systemneurobiologie und die besonderen Möglichkeiten der sogenannten »bildgebenden« Verfahren Konjunktur. Sie erlauben eine Erweiterung des bisherigen »evolutionären« Forschungsprogramms der experimentellen Neurobiologie – die Untersuchung einfacher Verhaltensweisen bei Tieren mit einfachen Nervensystemen als Basis der Erforschung komplexer Verhaltensleistungen bei Tieren mit höher organisierten Nervensystemen – auf die kognitiven Verhaltenskomplexe des Menschen. Phänomene der Wahrnehmung, der Erkenntnis, des Vorstellens, des Handelns und des Wollens werden nunmehr als naturwissenschaftlich erforschbar und erklärbar angesehen. Da mit diesem Anspruch die traditionelle Zuständigkeit der Philosophie des Geistes betroffen ist, versteht sich die philosophische Relevanz der Biowissenschaften in diesem Falle von selbst.

Neben einer solchen Herausforderung der Philosophie durch die Infragestellung historisch gewachsener Zuständigkeiten und Deutungshoheiten werden an den drei Motiven jedoch weitere Rahmenbedingungen und Begründungsfiguren der Biophilosophie erkennbar. Für die folgende Darstellung ist dabei insbesondere bedeutsam, dass die Maximen der bisherigen Wissenschaftsphilosophie ihre Selbstverständlichkeit einbüßen. Diese hatte die inhaltlichen Besonderheiten der Fachdisziplinen außer Acht gelassen und sich auf die allgemeinen und formalen Strukturen der »Logik der Forschung« konzentriert. Wenn man jedoch die Besonderheit der Biowissenschaften philosophisch adäquat erfassen möchte, dann ist man gerade auf die inhaltliche und formale Vielfalt der Wissenschaften verwiesen.

Zunächst setzte allerdings die genau gegenläufige Reaktion ein. Die neue Prominenz der »Jahrhundertwissenschaft« Biologie (Sitte 1999) führte dazu, dass man vielfach von einer neuen »Leitdisziplin« Biologie sprach (Bammé 1989). Auf diese Weise verbleibt man allerdings beim tradierten Ansatz und Ziel der Wissenschaftstheorie. Gemäß dem Ideal der *Einheitswissenschaft* (Schulte, McGuinness 1992) wird davon ausgegangen, dass exponierte Einzeldisziplinen als Orientierungspunkt für alle anderen Wissenschaften fungieren können. Deren Verfahren und Erkenntnisstrategien werden so zum unbedingten Vorbild und zur Messlatte für die »Wissenschaftlichkeit« aller anderen Fächer, und die aufgezeigte Bedeutungszunahme der Biologie hätte lediglich zur Konsequenz, dass sich im einheitswissenschaftlichen Programm die Rangfolge der Disziplinen änderte. Die Physik wäre aus ihrer bisherigen Leitfunktion verdrängt, und die Biologie träte an ihre Stelle. Statt eines radikalen Physikalismus (Neurath 1979, 102 ff.) ließe sich ein ebenso radikaler Biologismus fordern.

Eine solche Schlüsselrolle schreibt der Biologie beispielsweise der Biologe Edward O. Wilson (1998, 110) in seiner Forderung nach einer »Einheit des Wissens« (*consilience*) zu. Aufgrund der enormen Komplexität ihrer Untersuchungsobjekte sei die Biologie – deren Binnenstruktur Wilson durchaus anerkennt – dafür prädestiniert, die Vernetzung der Wissensgebiete von den Geisteswissenschaften bis zur Physik zu sichern. Das einheitswissenschaftliche Ideal wird so mit der Leitbildfunktion der Biologie verknüpft (ebd., 355 f.). Allerdings kann an einem solchen Einheitscredo – das der Biologe Wilson vor allem aus der Evolutionstheorie ableitet – gerade auch von einer evolutionstheoretischen Warte aus Kritik geübt werden, wie sie Stephen J. Gould, eine andere Stimme aus den Reihen der biologischen Fachvertreter mit philosophischen Ambitionen, übt. Der Evolutionstheoretiker Gould (1998, 58 ff.) hat immer wieder hervorgehoben, die große Lehre der Evolutionstheorie sei gerade nicht die Vereinheitlichung, sondern eine Absage an das platonistische Denken in idealen Normen und Wesenheiten zugunsten eines evolutionären Denkens der Variation. Betrachtet man in diesem Sinne die verschiedenen Schlussfolgerungen, die unter philosophischen Vorzeichen aus der zunehmenden Präsenz der Biologie für die Rolle der Biologie im Kanon der Wissenschaften gezogen werden, dann stellt die radikale Position Wilsons eher eine Minderheitenmeinung dar. Hinweise darauf, wie man sich im Streit um die »Autonomie« der Biologie (Mayr 1991, 16 ff.) zwischen der Einheit oder der Vielheit der Wissenschaft (Galison, Stump 1996) zu entscheiden hat, erhält man auch bei einem genaueren Blick auf die oben dargestellten Motivkomplexe.

Zunächst wird deutlich, dass es eben nicht um *die* Biologie geht, sondern um eine ganze Reihe von Binnendisziplinen mit je verschiedenem Aufgabenfeld und Methodenverständnis. Auch wenn es weniger umständlich ist, von einer Biologie im Singular zu sprechen (weshalb diese Rede auch in diesem Buch bevorzugt wird), sollte doch stets gegenwärtig sein, dass es eigentlich um eine Biologie im Plural geht. Nahezu alle geläufigen Unterscheidungs- und Abgrenzungsmerkmale für wissenschaftliche Denkstile sind *innerhalb* der Biologie präsent. Es gibt eher beschreibende Disziplinen wie die Morphologie und eher erklärende Disziplinen wie die Physiologie. Gegen die klare Trennung beider Bereiche spricht die Einsicht in die Notwendigkeit funktionsmorphologischer Betrachtungen. Auch gibt es stärker mathematisch ausgerichtete Teildisziplinen wie die Bioinformatik und daneben viele Disziplinen, die sogar narrative Verfahren zu ihrem Methodenkanon zählen (Höcker et al. 2006). Es gibt technisch-angewandte Disziplinenstränge und es gibt neben der Theoretischen Biologie eine bedeutsame Grundlagenforschung. Die Rede von der »angewandten Grundlagenforschung« zeigt schließlich erneut, wie fließend solche Grenzziehungen sind. Zudem erweist sich in einer historischen und kontextuellen Perspektive die Biologie als Neben- und Nacheinander verschiedener Forschungsprogramme.

Vor allem jedoch belegen die genannten Innovationen, dass das Netzwerk der binnendisziplinären Beziehungen innerhalb der Biologie eine enorme Dynamik besitzt. Einerseits kann es dabei zum Verschwinden klassischer Wissenschaftszweige im wissenschaftspolitischen Verdrängungswettbewerb um finanzielle Ressourcen kommen. Ein Beispiel dafür ist der derzeit ungedeckte Bedarf an Fachleuten in biologischer Systematik, der sich auf eine zu einseitige Ausrichtung der Ausbildung im Bereich der Molekularbiologie zurückführen lässt. Andererseits entstehen im Zuge der Innovationen ständig neue Disziplinen und damit neuartige Verbindungen zwischen alten Disziplinen. Der Einsatz gentechnischer Verfahren für klassische Aufgaben der Biosystematik ist dafür ein gutes Beispiel. Darüber hinaus sind enorme transdisziplinäre Verflechtungen zwischen wissenschaftlichen und technischen Fachzweigen festzustellen, die unter der Bezeichnung »converging technologies« (Roco, Bainbridge 2003) zusammengefasst werden. Neuestes Beispiel dafür ist die sich abzeichnende Fusion von Nanotechnologie und Biotechnologie zur »Nanobiotechnologie«. In diesem neuen Forschungsfeld sind nicht nur interdisziplinäre Kooperationen zwischen unterschiedlichen biologischen Binnendisziplinen gefragt, sondern auch solche zwischen der Biotechnologie und den physikalischen und chemischen Wissenschaften, der Medizin, den Ingenieurswissenschaften und den Materialwissenschaften. So zeigt sich, dass die technischen Innovationen erstens keinesfalls für eine Einheitlichkeit der Biologie sorgen, sondern im Gegenteil die Zahl und Heterogenität der Binnendisziplinen steigern. Es zeigt sich zweitens, dass die Außengrenzen der Biologie durchlässiger werden und die Verbindungen zu anderen Disziplinen enger. Und damit wird drittens fraglich, welche Teile des Clusters die Leitfunktion im Konzept einer »Leitwissenschaft« erfüllen sollen. Gerade im Fall von Gentechnologie und Nanobiotechnologie wird schließlich viertens deutlich, dass sich die institutionellen Organisationsformen der Biologie zunehmend auf eine globale »Big Science« hin bewegen.

Wissenschaftsphilosophisch resultiert aus dieser Bestandsaufnahme eine Anerkennung der pluralen Verfasstheit der institutionellen Struktur der Biowissenschaft – und implizit damit auch ihrer Theorien und Methoden. Diese Tatsache erweist das Ideal der Einheitswissenschaft als eben das, was es ist: ein Ideal. Gleiches gilt für das Ideal des Reduktionismus als dem Versuch einer Rückführung von Wissenschaften, deren Theorien, Erklärungsformen und Gegenstandsbereichen auf möglichst einfache und einheitliche Grundlagen. Wie der Physiker Helmut Schwegler für die Physik gezeigt hat, gibt es auch in der Biologie auf den Ebenen der Phänomene, der Untersuchungsmethoden, der Begriffe und Theorien fließende Übergänge zu den naturwissenschaftlichen Nachbardisziplinen. Schweglers Befund (2001, 70) gilt gleichermaßen für die Biologie: »Ein Programm, das verlangt, alle Erklärungen hätten, und wenn auch nur ›im Prinzip‹, von den elementarsten Objekten auszugehen, ist wissenschaftlich kontraproduktiv.« Wir wissen derzeit nicht, ob es uns in absehbarer Zeit gelingen wird, die bestehenden praktischen Schwierigkeiten in der Umsetzung des reduktionistischen Ideals aufzuheben. Insofern bildet die Biologie – wie die Physik – einen »Flickenteppich« (*patchwork*) aus locker miteinander verbundenen Bereichstheorien unterschiedlicher Anwendungsbreite und formaler Struktur.

Ein solches plurales und offenes Verständnis von Wissenschaft ermöglicht es, verschiedene empirische Zugänge nebeneinander bestehen zu lassen und ihre Ergebnisse in Theoriestücken und Bereichstheorien in vielfältiger Weise zu kombinieren. Für die Darstellung in diesem Band bedeutet dies, dass die Biologie vor allem unter pluralistischen Vorgaben betrachtet wird. Statt am positivistischen Vorbild der Einheitswissenschaft mit einer Einheitsmethode (Kolakowski 1971, 17) ist sie am Ideal der Vielfalt der Disziplinen und Forschungsansätze orientiert.

Das bedeutet erstens, dass die unterschiedlichen Binnendisziplinen der Biologie ausreichend Berücksichtigung finden müssen. Es bedeutet zweitens, dass die Besonderheiten der Biowissenschaften im Vergleich zu anderen Naturwissenschaften hervorgehoben werden, ohne dass damit verbindliche Vorgaben für andere Disziplinen, ihre Forschungsfelder und Methoden gemacht würden. Umgekehrt wird die Biologie nicht am Vorbild der Physik gemessen. So ergibt sich aus der Abwendung vom einheitswissenschaftlichen Ideal ein spezifisches Vorgehen für die Methodik und Didaktik der folgenden Ausführungen: Es wird möglich, die besondere Qualität der Biologie gerade in Kontrastierung ihrer wirklichen Methoden und Befunde gegenüber idealen Vorgaben der Einheitswissenschaft darzulegen.

Allerdings hat diese Abwendung von der Einheitswissenschaft eine Kehrseite. Die bisherigen, wenn auch wenig überzeugenden Versuche der Wissenschaftsphilosophie, ein klares und eindeutiges Abgrenzungskriterium für »Wissenschaft« zu formulieren, basierten nicht zuletzt auf der berechtigten Befürchtung, im Relativismus jede Verbindlichkeit zu verlieren. Bei aller Abgrenzung vom Einheitskonzept wird es deshalb in jeder philosophischen und wissenschaftlichen Untersuchung darum gehen müssen, einen bestimmten Grad von Allgemeingültigkeit der Aussagen zu erreichen. Aus diesem Grund wird auch die folgende Darstellung nicht umhinkommen, solche allgemeinen Kennzeichen der Biologie überhaupt, ihrer Forschungssituation und ihres Gegenstandsbereichs zu suchen. Ebenso wird sie bei aller Schwerpunktsetzung auf die Differenz der Einzelwissenschaften dennoch auf Übereinstimmungen und Gemeinsamkeiten mit anderen Wissenschaftsdisziplinen Wert legen.

Eine bestimmte Vorgabe *aller* biologischen Forschung sei hier eingangs erwähnt, weil sie im Folgenden eine wichtige Rolle spielt. Es ist ein Charakteristikum dieser Vorgabe, dass sie dem

Laien offensichtlich und deshalb wenig bedeutsam, dem Philosophen hingegen fast metaphysisch und deshalb spekulativ erscheint. Das wesentliche Unterscheidungsmerkmal der Biologie zu anderen naturwissenschaftlichen Disziplinen besteht einfach darin, dass sie sich der Untersuchung lebender Systeme widmet. Auch wenn die Verfahren und Konzeptualisierungen der Biowissenschaften häufig auf unbelebte Strukturen und künstliche Funktionszusammenhänge zielen – was Kritiker zu der provozierenden These veranlasste, in der Biologie werde »das Lebendige [...] immer auf der Folie des Todes gesehen« (Chargaff 1981, 11) –, so ist es dennoch ein nicht zu leugnendes Faktum, dass in biologischen Forschungsvollzügen der Mensch als lebendes System mit den Mitteln wissenschaftlicher Forschung andere lebende Systeme, ihre Funktionen und Strukturen untersucht. Diese spezifisch selbstreferenzielle Struktur der biologischen Forschung hat Humberto Maturana (1998, 23) benannt: »Der Beobachter ist ein menschliches Wesen, d.h. ein lebendes System, und alles was lebende Systeme kennzeichnet, kennzeichnet auch ihn.«

Ein wichtiger Aspekt dieses Faktums ist es, dass im Verlauf der Geschichte der Erforschung biologischer Phänomene – bei innerer Differenzierung der jeweils unterstellten Beziehungen zwischen Forscher-Ich und Forschungsgegenstand (Rehmann-Sutter 1996, 48 ff.) – grundsätzlich zwei philosophische Auffassungen darüber vertreten wurden, wie diese Phänomene adäquat zu erfassen seien. Hans Sachsse (1968, 2ff.; Sachsse in Lohmann 1970) hat deshalb einen zweifachen Zugang zum Verständnis des Lebendigen konstatiert und ihn vor allem zur Unterscheidung einer klassisch aristotelischen und einer modernen biowissenschaftlichen Perspektive verwendet. Die zwei Zugänge haben im Laufe der philosophischen Auseinandersetzung unterschiedliche Bezeichnungen erhalten: Der erste wurde etwa als Standpunkt des Anorganischen, als Außenperspektive, Standpunkt des

Körpers, »Biologie von außen« oder als physikalisch-technomorpher Ansatz bezeichnet, der zweite entsprechend als Standpunkt des Geistes, Innenperspektive, Standpunkt des Leibes, »Biologie von innen« oder anthropomorpher Ansatz. Obwohl man angesichts des historischen Entwicklungsgangs begründet die Auffassung vertreten kann, die Biologie als Wissenschaft sei wie die anderen Naturwissenschaften dadurch ausgezeichnet, dass sie gezielt auf den ersten Standpunkt der Außenperspektive festgelegt sei, werden doch selbst in vielen modernen biologischen Forschungsvollzügen die Bedingungen dieses grundsätzlich doppelten Zugangs bemerkbar. Sie bestimmen einen Teil dessen, was heute unter Biologie verstanden wird.

Bevor wir diesen Bedingungen, Verfahren, Fragestellungen und Phänomenen der Biologie in den folgenden Kapiteln genauer nachgehen, sei hier ein Hinweis für die Berechtigung dieser Behauptung gegeben (vgl. auch Kap. 3 und 5). Die *kognitiven* Neurowissenschaften etwa können angesichts dieser zwei Standpunkte als der Versuch verstanden werden, Phänomene zugänglich zu machen, die man zuvor als der Innenperspektive zugehörig aus dem Kanon biowissenschaftlich erfassbarer Phänomene ausgeschlossen hatte (Köchy 2006; 2007). Es geht nun darum, die »interne« Repräsentation mentaler Ereignisse zu untersuchen (Kandel et al. 1996, 327). In der Phase der *experimentellen* Neurowissenschaften (Kandel 1976, 3ff.) hatte man sich von einer solchen Zielsetzung noch explizit distanziert. In ihrem Selbstverständnis war die neurowissenschaftliche Untersuchung auf die Außenperspektive von im Verhalten beobachtbaren Funktionsabläufen und den Rückschluss auf die zugrunde liegenden Änderungen der Zellen, Gewebe und Organe festgelegt. Eine etwa über Introspektion erfassbare Innenperspektive wurde als wissenschaftlich unzugänglich erklärt. Auch in der kognitiven Neurobiologie hält man – trotz der Ausweitung ihres Zuständigkeitsbereichs – an dieser Skepsis fest. Allerdings ist die Dimension der introspektiven Evidenz der Sache nach nur bedingt auszuklammern. Nach der Überzeugung einiger Kognitionsforscher (Jack, Shallice 2001) ist sie sogar unerlässlich für die eindeutige Bestimmung des Untersuchungsgegenstands der kognitiven Neurobiologie und damit auch für die Fundierung ihrer Hypothesen. Ohne Aussagen der Probanden über deren innere Erlebnisse ist es in vielen Fällen für den Experimentator unmöglich zu wissen, welches kognitive Phänomen er mittels seiner Experimental- und Darstellungstechnik untersucht (vgl. Kap. 6).

1. Biologie und Philosophie

Was ist nun unter »Biophilosophie« zu verstehen? Um diese Frage zu beantworten, werden wir drei argumentative Schritte vollziehen. Zunächst wird das *Verständnis von Biophilosophie* konkretisiert, das die Untersuchung leitet. Dann wird in einem zweiten Schritt die *biologische Dimension der Philosophie* am Beispiel der beiden klassischen Positionen von Aristoteles und Kant besonders hervorgehoben. In einem dritten Schritt wird schließlich in umgekehrter Ableitungsrichtung die *philosophische Dimension der Biologie* ausgehend vom aktuellen Streit um den Potenzialitätsgedanken in der Stammzellforschung demonstriert. Nun wird von den empirischen Ansätzen der biologischen Forschung aus das philosophische Hintergrundszenario dargelegt. Alle drei Schritte stecken gemeinsam den gedanklichen Rahmen des Buches ab.

Was ist Biophilosophie?

Die beiden Fragen, was unter »Biophilosophie« verstanden werden *kann* und was darunter konkret in der vorliegenden Einführung verstanden *wird*, sollen in kritischer Abgrenzung zu vorliegenden Entwürfen entwickelt werden. Beginnen wir mit einer Unterscheidung, die Hans Jonas (2004, 54 ff.) eingeführt hat. Er hat in einem Interview zum Charakter seiner philosophischen Reflexionen über die Biologie Stellung bezogen. Dabei verweist er auf den Untertitel seines Buches *Organismus und Freiheit*, in dem er »Ansätze zu einer philosophischen Biologie« ankündigt und betont, dass die Philosophie sich den Erkenntnissen der Biologie in doppelter Hinsicht zu stellen habe. Einerseits müsse sie deren Wissensstand und Methodik zur Kenntnis nehmen und andererseits diese kritisch hinterfragen. Über die methodologische und methodenkritische Funktion hinaus verfolgt die philosophische Biologie nach Jonas jedoch noch ein weiteres Ziel, das man je nach Blickwinkel als epistemologisch, ontologisch oder metaphysisch bezeichnen kann. Übereinstimmend mit unseren Ausführungen am Ende des letzten Kapitels ist Jonas der Überzeugung, dass eine unphilosophische Biologie eine rein physische Biologie wäre. Die philosophische Biologie hingegen sei eine, »die diese künstliche Teilung der Sphären rückgängig macht«. Ein solcher Standpunkt behalte bei der Betrachtung des Organismus stets im Auge, dass dieser nicht nur ein Ganzes im funktionellen Sinne ist, sondern auch im leib-seelischen Sinne. Somit sei der Innenaspekt oder die Subjektivität des Organismus unveräußerlich. Diese Kennzeichnung bringt nun mehr zum Ausdruck als nur das spezifische – metaphysische – Erkenntnisinteresse von Hans Jonas oder eine Bestätigung unserer Ausführungen zur Innen- und Außenperspektive. Sie macht vielmehr deutlich, dass man der Biophilosophie verschiedene Funktionen zuweisen kann. Es wären demnach zu unterscheiden: erstens die methodologische Funktion, zweitens die methodenkritische Funktion, drittens die ontologische oder metaphysische Funktion und viertens die epistemologische Funktion im weiteren Sinne.

Die Aufgabenstellung von Jonas' *philosophischer Biologie* steht nun in deutlichem Gegensatz zu den meisten aktuellen Entwürfen einer *Philosophie der Biologie* (Mahner, Bunge 1997), die sich als Methodologie oder Wissenschaftstheorie der Biologie (Janich, Weingarten 1999) versteht. Eine solche Fokussierung auf die *methodologische Funktion* würde die Biophilosophie im Aufgabenkatalog des Logischen Empirismus aufgehen lassen. Alexander Rosenberg (1985, 15 ff.) spricht in diesem Zusammenhang von einer postpositivistischen Deutung. Biophilosophie wäre dann eine Logik der biologischen Forschung, eine formale Methodenlehre der Biologie. Orientiert etwa an Rudolf Carnaps (1891-1970) Verständnis von *Wissenschaftslogik* wäre das Objekt der Biophilosophie die Wissenschaft Biologie als ein geordnetes Gefüge von Sätzen. Die Funktion der biophilosophischen Untersuchung bestünde in einer Analyse der biologischen Theorien unter logischen Gesichtspunkten. Es würde zudem nach Carnap (1992, 91 f.) gelten: »Alles was über Organismen und organische Vorgänge zu sagen ist, hat die Biologie als empirische Wissenschaft zu sagen; es gibt nicht außerdem noch philosophische Sätze über jene Vorgänge [...].«

Auch wenn man das Wissenschaftsverständnis über die historische Position der Logischen Empiristen hinaus erweitert, könnte man an diesen Vorgaben festhalten. Zwar wäre in diesem Fall der Umfang der biophilosophischen Metaanalyse auszudehnen, und sie würde nicht nur Theorien, sondern etwa auch biologische Experimente oder Visualisierungstechniken umfassen. Die Biophilosophie selbst verbliebe aber in den Grenzen des Programms von Carnap. Ihre Kompetenz und Zuständigkeit endete dort, wo die empirischen Verfahren der Biologie beginnen. Nur die Biowissenschaften als empirische Wissenschaften wären in der Lage, einen direkten Kontakt zur Welt herzustellen. Die Funktion der Biophilosophie müsste sich deshalb auf die Interpretation der biologischen Kenntnisse und Handlungsweisen beschränken.

Die *methodenkritische Funktion* geht jedoch einen Schritt über diese Grenzziehung hinaus. Dabei muss zunächst berücksichtigt werden, dass unter »Kritik« Verschiedenes verstanden werden kann. Einen Orientierungspunkt gewinnt man jedoch, wenn man mit Kant »Kritik« als die Frage nach der Geltung biowissenschaftlicher Aussagen (*quaestio iuris*) versteht. Interpretiert man diese Vorgabe in einem engen Sinne, dann geht sie erneut in Carnaps Forderungen auf und bezeichnet lediglich die Aufgabe einer Untersuchung der logischen oder empirischen Begründungsverfahren von biowissenschaftlichen Aussagen oder Theorien. In einem viel weiteren Sinne verstanden, beinhaltet die Frage nach den Bedingungen der Möglichkeit biowissenschaftlicher Erkenntnis jedoch auch die historischen, sozialen, ökonomischen und anthropologischen Bedingungen der biologischen Forschung (so etwa Lenoir 1992). Versteht man solchermaßen die Forderung nach Aufklärung der Bedingungen der Möglichkeit der Biologie unter Berücksichtigung der aktuellen wissenschaftsphilosophischen Ansätze, dann ist man auf ein *kontextualistisches Niveau* von »Kritik« verwiesen. Die methodenkritische Aufgabe beinhaltet dann nicht nur den Aspekt der Geltung biowissenschaftlicher Theorien und Erfahrungen, sondern darüber hinaus auch den Aspekt ihrer Genese. Der sogenannte Entdeckungszusammenhang biologischer Forschung gerät in den Blick (Rheinberger 2001). In diesem Fall werden die Verfahren und Erkenntnisse der Biologie nicht einfach als gegeben vorausgesetzt, sondern sie werden in ihren Entstehungsbedingungen kritisch hinterfragt. Die Biophilosophie entwickelt sich zu einem auch wissenschaftshistorischen und wissenschaftssoziologischen Unternehmen. Subsumiert man schließlich unter »Kritik« mit Kant das moralisch-praktische Moment, dann umfasst die methodenkritische Funktion der Biophilosophie weiterhin die Aufgabe einer kritischen Befragung der Akteure in der Biologie nach dem moralischen Status ihrer Handlungen und ihres Wissens. Es wird zu zeigen sein (Kap. 7), dass die kontextualistische Betrachtung diese Erweiterungsoption zu einer bioethischen Reflexion beinhaltet.

Die *ontologische Funktion* der Biophilosophie kann an diesem Punkt ansetzen. Mit der Frage nach den Bedingungen der Möglichkeit biowissenschaftlicher Forschung ist dann nicht nur das kritische Hinterfragen der technischen oder moralischen Implikationen der biologischen Handlungskontexte oder Erkenntnisweisen gemeint. Es ist auch die Frage eingeschlossen, an was oder gegenüber wem biologische Handlungen vollzogen werden bzw. von was oder wem mit den Mitteln der biologischen Forschung Wissen gewonnen werden soll. In einer technischen oder logischen Variante könnte diese Reflexion über den biologischen Gegenstandsbereich ebenfalls in den Grenzen der Logik der Forschung verbleiben. Einen solchen Ansatz verfolgen viele angelsächsische Vertreter der Biophilosophie, die sich auf begriffslogische Analysen zentraler Konzepte wie etwa der biologischen »Art« oder des biologischen »Systems« kaprizieren (vgl. die Beiträge in Hull, Ruse 1998). Unter historischen und soziologischen Vorzeichen wäre hingegen nicht nur der logische Status biologischer Objekte zu untersuchen, sondern darüber hinaus etwa auch deren reale Präsenz im Labor oder deren Rolle im Prozess der Konstituierung biowissenschaftlicher Forschungsprogramme (Lederman, Burian 1993; vgl. Kap. 4). Eine solche Erweiterung zeigt, dass beispielsweise die Rolle von Modellorganismen in den Labors nicht adäquat durch die üblichen Vorstellungen von naturwissenschaftlichen »Objekten« wiedergegeben ist (dazu Kap. 2). Aktuelle Überlegungen zu den Labororganismen als »Laboranten« verweisen vielmehr auf ein komplexes Wechselspiel zwischen Forscher und Forschungsgegenstand (Köchy, Schiemann 2006). Betrachtet man die Annahmen über diese wechselseitige Interaktion genauer (Latour in Hagner 2001, 180; Knorr Cetina 2002, 160), dann wird hier eine Anerkennung des Subjektstatus von Labororganismen vorbereitet, die eine Option zum Übergang zu dem eingangs genannten Konzept von Hans Jonas beinhaltet. Auch diese ontologischen Bestimmungen leiten direkt zu ethischen Fragen über, ohne auf eine Naturalisierung von Moral hinauszulaufen (vgl. Kap. 7).

Schließlich wird an diesen Überlegungen deutlich, dass eine Verbindung zwischen methodologischen, methodenkritischen und ontologischen Optionen gerade dann möglich ist, wenn man unter den *epistemologischen Funktionen* einer Biophilosophie auch die Aufklärung darüber versteht, in welchem Verhältnis die Forscher in jeweils spezifischen Forschungskontexten zu ihren Untersuchungsgegenständen stehen. Über den engeren Bereich erkenntnistheoretischer Fragen hinaus geht es in diesem Fall auch um Menschenbilder, Organismuskonzepte und Naturvorstellungen. Neben den theoretischen Fragen der Wissenschaftsforschung sind praktische Fragen der Wissenschaftsethik direkt angesprochen. Als *focus imaginarius* ist damit eine der Leitlinien unserer kontextualistischen Analyse formuliert: Biophilosophie wird im Folgenden als der Versuch verstanden, die methodologischen, methodenkritischen und ontologischen Überlegungen so zusammenfließen zu lassen, dass das spezifische Verhältnis von Forscher und Forschungsgegenstand in der Biologie adäquat zur Geltung kommt. Dabei ist das klassische wissenschaftstheoretische Ideal der Metaanalyse – dem die Vorstellung einer klaren Trennung von Fachwissenschaft und Philosophie zugrunde liegt – angesichts der tatsächlichen Verwobenheit beider Sphären nur bedingt aufrechtzuhalten.

Die biologische Dimension der Philosophie

Im Folgenden wird die biologische Dimension der Philosophie an zwei zentralen Positionen demonstriert. Die Wahl fällt dabei auf die Philosophien von Aristoteles und Kant, die nicht nur zwei wesentliche Säulen der klassischen Philosophie darstellen, sondern auch philosophiehistorisch die beiden Pole der »ontologischen« und der »epistemologischen« Betrachtung repräsentieren. Zugleich bringt jedes Konzept für sich bereits eine Verflechtung beider Aspekte zum Ausdruck. Darüber hinaus handelt es sich um diejenigen klassischen Positionen, die noch am ehesten unter heutigen Gesichtspunkten mit dem Projekt der Philosophie der Biologie in Verbindung gebracht werden (Grene, Depew 2004; Krohs, Toepfer 2005, 8).

Philosophie und Biologie bei Aristoteles

Für Aristoteles' Aktualität und Einschlägigkeit im Zusammenhang der Biophilosophie spricht nicht nur eine Reihe von philosophischen Monografien und Sammelbänden (Gotthelf, Lennox 1987; Kullmann, Föllinger 1997; Lennox 2001), sondern auch die Einschätzung maßgeblicher biologischer Fachvertreter (Mayr 2002, 73 ff.). Aristoteles gilt zudem als Begründer der Biologie in doppelter Hinsicht. Die Grundlage der Biologie legt er sowohl durch seine ontologisch-theoretische Konzeption als auch durch seine empirische Praxis auf vielen Gebieten der Zoologie (Ballauff 1954, 35). Am Beispiel des Aristoteles lässt sich besonders gut demonstrieren, wie philosophische und biologische Momente ineinandergreifen und das gesamte Projekt doch genuin philosophischer Natur bleibt. Betrachten wir dieses Projekt unter kontextualistischen Vorzeichen, dann lassen sich für diese Verbindung von Philosophie und Biologie mindestens drei zusammenhängende Motivstränge anführen. Erstens sind biografische Hintergründe zu nennen. Diese bringt Charles Sanders Peirce (1839-1914) auf den Punkt, wenn er über Aristoteles schreibt (Peirce 1991, 301): »In Wahrheit war er ein Asklepiade, das heißt, daß er und all seine Vorfahren seit unvordenklichen Zeiten in Medizin ausgebildet waren und die Schlußprinzipien der Ärzte mit der Muttermilch eingesogen hatten.« Zweitens sind Aristoteles' Reflexionen zur Biologie im Kontext herrschender Leitbilder des antiken Wissenschaftsverständnisses entstanden, das die Kosmologie als ranghöchste Fachwissenschaft präsentierte (Lennox 2001, 108 f.). Dies erklärt, dass Aristoteles eine Begründung und Verteidigung etwa der Rolle der Zoologie in *De partibus animalium* (Part. an. I, 5, 644b 22 ff.) vorbringt. Dabei stützt er sich vor allem auf drei Argumente, in denen die philosophische Bedeutung biologischer Phänomene zum Ausdruck kommt: Nach dem Argument der Fülle verweist die Vielfalt biologischer Bildungen auf einen enormen Forschungsbedarf und verspricht zudem die Erweiterung unserer Kenntnisse. Nach dem Argument der Nähe belegt die enge Verwandtschaft zwischen Mensch und übrigen Lebewesen den besonderen Vorrat an Erfahrungswissen über biologische Bedingungen. Im Argument der Zweckmäßigkeit schließlich wird die bewunderungswürdige Organisation der Lebewesen als Motiv für die Erforschung der Prinzipien des Lebendigen hervorgehoben. Allen drei Punkten werden wir in den folgenden Kapiteln dieses Buches immer wieder begegnen.

Ein dritter wichtiger Motivstrang im Verhältnis von Philosophie und Biologie bei Aristoteles ist schließlich rein philosophischer Natur. Man kann begründet die Auffassung vertreten, dass sich der biologische Gehalt von Aristoteles' Philosophie auch aus bestimmten metatheoretischen und metaphysischen Problemlagen ergibt. Unter diesem Gesichtspunkt importiert Aristoteles ein an biologischen Befunden entwickeltes Arsenal von Begriffen und kognitiven Konzepten in die Philosophie, um damit die platonische Methexisproblematik zu beantworten. Hier geht es um die Frage nach dem Verhältnis von allgemeinen Ideen und besonderen Dingen. Platon hatte sich zwischen der Auffassung ihrer absoluten Trennung (*chōrismós*) und der Annahme einer

Teilhabe (*méthexis*) nicht klar entschieden. Aristoteles versucht dieses Verhältnis genauer zu bestimmen. Er greift dazu auf Vorbilder aus dem Bereich der Lebewesen zurück. Er postuliert eine dynamische Verbindung zwischen Besonderem und Allgemeinem, indem er eine Entwicklungsbeziehung zwischen Stoff (*hýlē*) und Form (*morphē*) voraussetzt, die an Wachstumsprozessen von Lebewesen orientiert ist (Met., Buch H, 1042a 24 ff.). Zusammen mit den Modalkategorien der Möglichkeit (*dýnamis*) und der Wirklichkeit (*enérgeia*) entsteht so im Zentrum der aristotelischen Metaphysik ein Modell der Entwicklung, das nach dem Vorbild des Wachstums bei Lebewesen konzipiert ist. Dieses Modell erlaubt nicht nur eine neue metaphysische Grundlegung zentraler ontologischer Kategorien, sondern stellt zugleich eine erste theoretische Fundierung der Biologie dar (Ballauff 1954, 37).

Betrachtet man die Rolle biologischer Kategorien in der Philosophie des Aristoteles genauer, dann lassen sich zudem auch Hinweise auf die Bedingungen des Konzepttransfers zwischen Biologie und Philosophie im Allgemeinen ableiten. Es wird etwa deutlich, dass bei jedem Modell- oder Begriffstransfer unbedingt auf die Vermeidung von Kategorienfehlern zu achten ist (vgl. Kap. 4). Wie Aristoteles' Wissenschaftslehre (An. Post. I, 7, 75a 38 ff.) deutlich macht, ist die unkritische Verwendung von Begriffen und Modellen in verschiedenen Sachgebieten stets mit der Gefahr eines Übergangs in eine andere Gattung (*metábasis eis állo génos*) verbunden. Andererseits kann ein Modelltransfer in ausgewählten Fällen wichtige heuristische Funktionen erfüllen. Allerdings müssen dafür bestimmte Grundvoraussetzungen gegeben sein, die eine solche Isomorphie nahelegen (vgl. dazu Kullmann 1979, 47 ff.). Dabei ist insbesondere zu berücksichtigen, dass mit der Übertragung aus einem Erkenntnisbereich in einen anderen notwendig Veränderungen und Verluste einhergehen.

Diese Überlegung betrifft nun auch die inhaltlichen Annahmen des Aristoteles über biologische Grundphänomene sowie deren Bedeutung für die heutige Biologie. Das lässt sich an dem für die Rezeption des aristotelischen Gedankens wirkmächtigsten Begriff der »Zweckmäßigkeit« demonstrieren. Obwohl die zweckmäßige Organisation von Organismen und deren Funktionalität auch heute noch im Zentrum biophilosophischer Reflexion stehen (Toepfer 2004; McLaughlin 2001), ist der Versuch einer Berücksichtigung dieser Aspekte doch immer dem Verdacht ausgesetzt, eine unzulässige Übertragung aus dem Bereich menschlicher Verhältnisse in den Bereich der Natur zu sein. Wie jedoch Wolfgang Kullmann (1979) gezeigt hat, entbehren die gängigen Vorwürfe gegen Aristoteles jeglicher Grundlage. Zu diesen Vorwürfen gehören etwa die Annahmen, Aristoteles besitze ein teleologisches Weltbild, befürworte *statt* der Erklärung biologischer Phänomene durch Wirkursachen eine solche durch Finalursachen, sei Vitalist oder spreche der Natur Motive zu. Es lässt sich zeigen, dass diese Unterstellungen nicht zutreffen, sondern dass Aristoteles eine strikt interne Finalität vertritt. Die volle Zuschreibung von Zweckmäßigkeit bleibt auf den Bereich der Organisation einzelner Lebewesen beschränkt. Eine Übertragung dieses Gedankens auf andere Verhältnisse (Beziehungen zwischen verschiedenen Lebewesen, Organisation der Natur insgesamt) ist nicht ohne Einschränkung möglich. Nimmt man sie dennoch vor, so sind also die eintretenden Änderungen zu berücksichtigen. Kullmann (1979, 26 ff.) kann zeigen, dass hier eine begriffliche Feinarbeit notwendig ist, die den Zweck als »worum-willen-*von*-etwas« (*oú eneká tinos*) und den Zweck als »worum-willen-*für*-etwas« (*oú eneká tini*) unterscheidet. Im ersten Fall geht es um das Ziel bestimmter zweckgerichteter Einheiten selbst. Im zweiten Fall wird hervorgehoben, dass etwas »für« ein anderes (ein Subjekt) zweckmäßig ist. Nur bei den Verhältnissen in Organismen fallen diese beiden Aspekte zusammen, und es liegt ein wechselseitiger Bezug vor: Die Organe bilden die unerlässliche Voraussetzung für die Existenz des Lebewesens, das Lebewesen ist umgekehrt zureichender Grund für die Existenz der Organe. Überträgt man den Begriff der Zweckmäßigkeit hingegen auf die Natur insgesamt, dann fallen beide Aspekte auseinander. Im Verhältnis von Tier und Mensch zueinander sind die Tiere zwar unerlässliche Voraussetzung für die Existenz des Menschen, die Existenz des Menschen aber ist nicht umgekehrt auch zureichender Grund für das Vorhandensein der Tiere. Dieses Beispiel zeigt, dass sich das Verständnis zielgerichteter Prozesse bei Aristoteles je nach Verwendungskontext unterschiedlich darstellt. Deshalb besteht letztlich auch ein gravierender Unterschied zwischen der Anwendung des Gedankens der Zweckmäßigkeit in biologischen und in philosophischen Fragen. So ist etwa das Verhältnis von Gott (als dem unbewegten Beweger) zu den Prozessen der Welt ebenfalls nicht im Sinne der Organisation von Lebewesen zweckmäßig, denn Gott ist zwar das »Worum-willen-von« aller zielgerichteter natürlicher Prozesse, diese jedoch sind nicht umgekehrt unerlässliche Voraussetzung für die Existenz Gottes.

Trotz inniger Verzahnung zwischen Biologie und Philosophie bleibt die jeweils eigenständige Geltung beider Wissenschaften und beider Reflexionsbereiche bei Aristoteles also erhalten, und so lässt sich die aristotelische Systematik der Lebewesen nach Art- und Gattungsmerkmalen als ein Anwendungsfall seiner logischen und definitorischen Verfahren verstehen, bei dem die schematische Zweiteilung der (onto-)logischen Dialektik im Bereich der Biologie durch erfahrungsnahe Gliederungsvorschläge modifiziert wird (Höffe 1999, 134; Lennox 2001, 102 f.). Trotz dieser Differenzierungen sind allerdings das Bestreben des Biologen Aristoteles, einen systematischen Zusammenhang biologischer Bildungen zu finden, und der Versuch des Metaphysikers Aristoteles, die Wesensmerkmale der natürlichen Arten aufzudecken, in weiten Teilen deckungsgleich. Die Einwirkung philosophischer Hintergrundannahmen bis auf die Detailebene der empirischen Forschung zeigt etwa Olaf Breidbachs (2005, 49 ff.) Untersuchung der Beobachtung und der bildhaften Wiedergabe des Beobachteten bei Aristoteles (vgl. auch Kap. 3). Aristoteles' Überlegungen zum *punctum saliens* (der springende Punkt) als der ersten bei einer Sektion eines Hühnereis erkennbaren morphologischen Struktur belegen für Breidbach die Einflüsse übergeordneter philosophischer Modelle des Lebens. Demnach ist das Herz der zentrale Punkt eines Organismus, ebenso wie die Seele als Entelechie im Zentrum der Körperorganisation steht.

Philosophie und Biologie bei Kant

Für die Darstellung des Verhältnisses von Philosophie und Biologie bei Kant lässt sich das Konzept der Zweckmäßigkeit ebenfalls als Leitlinie verwenden. Auch für die Philosophie Kants gilt, dass sie in zentralen Punkten durch biologische Gedanken geprägt ist. Umgekehrt befruchtet seine Philosophie die biologische Praxis und Theorie (Roretz 1922; Löw 1980; Lenoir 1980; Cassirer 1993). Zwar war Kant anders als Aristoteles kein aktiver biologischer Forscher, sondern eher ein Kommentator des biologischen Wissens seiner Zeit, dennoch hat er sich seit dem Jahr 1757 in seinen regelmäßigen Vorlesungen zur physischen Geographie auch mit den allgemeinen Grundlagen der Naturreiche befasst, insbesondere mit Buffons *Histoire naturelle* (1749-1767), wobei sich Kant vor allem für die Stellung des Menschen in der Natur interessierte (Grene, Depew 2004, 116 ff.).

Dieser Punkt ist für Kants Philosophie zentral, weil es hier um die Gattungsmerkmale des Lebewesens Mensch geht. Im Rahmen des Disputs um die biologische Konstitution des Menschen hat Kant in Auseinandersetzung mit Johann Gottfried Herder (1744-1803) und Georg Forster (1754-1794) eine eigene Position entwickelt und gegen die These der mehreren Menschenarten votiert (Kühn 2003, 336ff.; Grene, Depew 2004, 116ff.). Berücksichtigt man den historischen Hintergrund eines im Zuge des europäischen Kolonialismus im späten 18. Jahrhundert kulminierenden Sklavenhandels, dann verteidigt Kant damit letztlich auch das aufklärerische Ideal der biologisch einheitlichen Menschheit. Entsprechendes gilt auch für das zweite Feld biologischer Problemstellungen von philosophischer Bedeutung bei Kant. Hier geht es um die Frage nach den Bedingungen der Individualentwicklung des Menschen. Auch in diesem Fall bezieht Kant unter Rückgriff auf die zeitgenössischen biologischen Theorien Stellung. Den Hintergrund dieser Debatte bildet der Streit zwischen den Schulen der Präformisten und der Epigenetiker (Roe 1981), der vor allem durch Caspar Friedrich Wolffs (1734-1794) *Theorie von der Generation* (1764, Wolff 1966) neu entfacht wurde. Wie Kant in der Rassendebatte für das Ideal der Gleichheit stritt, so im Fall der Entwicklungstheorien für das Ideal der Autonomie. Die präformistische Theorie legte nahe, den Grund für das organische Formbildungsgeschehen in einem externen Eingriff durch Gott zu sehen, und stellte so die biologische Autonomie infrage. Zudem lief diese Theorie darauf hinaus, den eigengesetzlichen Charakter der Natur als Domäne der Notwendigkeit zu bestreiten. Die epigenetische Theorie hingegen konnte organische Formen als Produkt eines autonomen Selbstbildungsgeschehens erklären – »als selbst hervorbringend, nicht bloß als entwickelnd« (Kant KdU § 81, A 373) –, lief jedoch zugleich Gefahr, den Rahmen der natürlichen Kausalität gänzlich zu verlassen. Kant vertritt deshalb eine Variante der Epigenetik, die er »generische Präformation« (ebd., A 371) nennt. Jedes Lebewesen stellt sich demnach als Resultat einer komplexen Interaktion von keimhaften Anlagen, individuellen Prädispositionen und bestimmten Umweltbedingungen dar (Grene, Depew 2004, 96). Seine entwicklungstheoretischen Überlegungen konzipiert Kant in enger Beziehung zu den Arbeiten des Göttinger Mediziners Johann Friedrich Blumenbach (1752-1840). Kant schreibt diesem im August 1790, das Buch *Über den Bildungstrieb* (Blumenbach 1791, ²1789) habe eine enge Beziehung zu seinen eigenen Ideen (Kant Briefwechsel II, 155) und diene vor allem der Bestätigung seiner philosophischen Konzepte durch Fakten (vgl. Lenoir 1980; Ingensiep 2004; Zammito 2005). In der Entwicklung von Kants Denken lässt sich deshalb nicht nur eine Revolution der Denkart feststellen, sondern auch eine Verlagerung von den Wissenschaftsidealen der Physik zu jenen der Biologie. Nach Ernst Cassirer hat sich Kant vom Logiker Newtons zum Logiker Linnés entwickelt (Cassirer 1993, 63f.).

Wieder zeigen vielfältige Momente diese Verschiebung an. Die Funktion biologischer Überlegungen in der Philosophie Kants ist je nach Kontext verschieden. An einer prominenten Stelle der – noch den Erkenntnisidealen der Physik verpflichteten – *Kritik der reinen Vernunft* (1781) wird eine spezielle Funktion des Biologischen deutlich. Analogien aus der Biologie fungieren hier als Sinnbilder für die adäquate Organisation des philosophischen Systems. Das Architektonik-Kapitel der Kritik (KrV, A 831 ff.) zeigt, dass für Kant ein philosophisches Argumentationssystem von wissenschaftlicher Güte nicht nur wie ein Bauwerk beschaffen sein sollte, sondern auch wie ein Organismus. Jedoch ist nicht nur die formale Organisation der Argumente in einem philosophischen System bei Kant durch biologische Konzepte repräsentiert. Auch inhaltliche Annahmen zum Verhältnis, zur Genese oder zur Untersuchung unserer Erkenntnisvermögen erläutert Kant mittels biologischer Analogien. So stellt er beispielsweise das Verfahren der *Analytik der Begriffe* anhand von Metaphern aus der Entwicklungsbiologie dar (ebd., A 65 ff.). Es gehe in der Analytik darum, die Begriffe a priori im Verstande als »ihrem Geburtsorte« aufzusuchen und die reinen Begriffe »bis zu ihren ersten Keimen und Anlagen« im menschlichen Verstande zu verfolgen. Hier lägen sie bereit, um sich bei Gelegenheit der Erfahrung zu entwickeln. Verfolgt man diese Analogie bis in ihr Zentrum (ebd., § 27, B 165 ff.), dann zeigt sich, dass Kant sogar sein gesamtes erkenntnistheoretisches Konzept und den Entwurf der Transzendentalphilosophie in Analogie zur biologischen Entwicklungstheorie darstellt. Demnach gibt es drei alternative Wege, sich die Übereinstimmung von Erfahrungen mit den Begriffen vorzustellen. Erstens die Annahme, die Erfahrung bestimme die Begriffe. Diese empiristische These vergleicht Kant mit der Lehre von der Spontanschöpfung (*generatio aequivoca*). Zweitens die Annahme, die Begriffe seien die Bedingung der Möglichkeit aller Erfahrung. Kant nennt die zweite These, die seine eigene transzendentalphilosophische Konzeption wiedergibt, das »System der Epigenesis der reinen Vernunft«. Und schließlich drittens die Annahme der Rationalisten, unsere Erkenntnis gehe auf eingepflanzte Ideen zurück, was Kant als »Präformationssystem der reinen Vernunft« bezeichnet.

Neben diesen eher unbekannten Momenten im biologischen Denken Kants ist der maßgebliche und einflussreichste Ort, an dem die Biologie mit der Philosophie in direkten Kontakt kommt, die *Kritik der Urteilskraft* (1790). Diese Schrift vollzieht innerhalb von Kants System mehrere Brückenschläge (KdU, A LI f.). Dabei geht es erstens um die Verbindung der Zuständigkeitsbereiche von Verstand (theoretische Fragen der Erkenntnis) und Vernunft (praktische Fragen des Handelns). Zweitens geht es um die Verbindung zwischen den Naturbegriffen und dem Freiheitsbegriff und drittens um die Verbindung zwischen den verschiedenen Seelenvermögen des Menschen. Und damit ist dann viertens die Rolle des Menschen als »Bürger zweier Welten« thematisiert, als Moralwesen *und* als Naturwesen. Mit seiner Untersuchung will Kant überprüfen, ob die Urteilskraft, die ihre Vermittlungsfähigkeit bereits in anderen Zusammenhängen erwiesen hat, auch für diesen Brückenschlag taugt.

Betrachtet man genauer, wie Kant das hinsichtlich seiner Vermittlungsfunktion zu untersuchende Prinzip der Urteilskraft, die »Zweckmäßigkeit« nämlich, einführt, dann wird die biologische Note seiner Überlegung deutlich. In der *Einleitung* zu seinem Werk schildert Kant das beschriebene Vermittlungsproblem als eine theoretische Fragestellung der Naturforschung. Wie, so fragt er, ist es möglich, die für eine naturwissenschaftliche Forschung notwendige Ordnung der Erkenntnis zu etablieren, wenn sich die reale Forschungssituation als zufälliges Chaos empirischer Daten darstellt und die transzendentalen Naturbegriffe nur auf der Abstraktionsebene der Möglichkeit einer Natur überhaupt greifen? In dieser Situation – dem Normalfall der damaligen biologischen Systematik – kann die Urteilskraft ihr Ordnungsprinzip nicht vom Verstand beziehen. Sie findet auch keine Ordnung in der Natur selbst. Der auf Einheit angewiesenen naturwissenschaftlichen Erfahrung kann hier nur geholfen werden, indem sich die Urteilskraft das gesuchte Ordnungsprinzip selbst gibt. Sie macht dabei eine Anleihe beim üblichen Verfahren und verfährt so, *als ob* ein Verstand (»wenn gleich nicht der unsrige«) diese Ordnung als Bedingung der Möglichkeit von Erfahrung vorgegeben hätte. Der Begriff, der diese unterstellte Ordnung repräsentiert, ist der Begriff »Zweckmäßigkeit« (ebd., A XXVI). Bezeichnet man ein Phänomen als zweckmäßig, dann wird es als ein einheitlich strukturiertes Ganzes vorgestellt.

Man sieht, auch Kant drückt eine hochkomplexe Frage seiner Philosophie – wenn nicht gar *die* Frage überhaupt – unter Verwendung biologischer Konzepte aus. Noch deutlicher wird dies, wenn man die Überlegungen zur *teleologischen Urteilskraft* berücksichtigt. Kant kreist dazu diejenige Form der Zweckmäßigkeit ein, der seine Untersuchung speziell gewidmet ist. Es geht nicht um die subjektive Zweckmäßigkeit des Naturschönen, sondern um die objektive, wissenschaftlich erfassbare und intersubjektiv vermittelbare Zweckmäßigkeit von Naturprodukten. Auch ist nicht die bloß formale Zweckmäßigkeit von mathematischen Operationen gemeint, sondern die materiell in der Natur vorliegende Zweckmäßigkeit. Schließlich widmet sich die Untersuchung nicht der relativen Zweckmäßigkeit einer bloßen Zuträglichkeit für anderes, sondern der inneren Zweckmäßigkeit. Diese letzte Unterscheidung verweist nochmals auf Aristoteles, denn »relativ« ist die Zweckmäßigkeit im Fall der bloßen Zuträglichkeit für anderes, etwa im Fall der Nutzbarkeit von Tieren für den Menschen. Eine »innere« Zweckmäßigkeit hingegen setzt eine zyklische Beziehung zwischen Ursache und Wirkung voraus. In diesem Fall müssen wir uns die vorgestellte Wirkung als den Grund für die Existenz der Ursache denken. Eine solche rückläufige Beziehung, die Kant auch als *nexus finalis* bezeichnet, ist allerdings hochproblematisch. Sie unterscheidet sich grundsätzlich vom üblichen *nexus effectivus* einer linearen Beziehung von Ursache und Wirkung in der Natur (ebd., A 285 f.). Eigentlich gehört sie gar nicht in den Bereich der Natur, sondern kann berechtigt nur in der menschlichen Handlung unterstellt werden (Köchy 2004). Dennoch ist es aufgrund der Befunde der Biologie für Kant forschungspraktisch unabdingbar, eine solche Form der Beziehung anzunehmen. Kant ist überzeugt, dass die Unterschiede zwischen Organismen und Maschinen grundsätzlicher Natur sind. In beiden Fällen handelt es sich zwar um hochorganisierte Systeme aus vielfältigen, harmonisch aufeinander abgestimmten Teilstrukturen und -funktionen. Nur in Lebewesen bedingen sich jedoch die Teile nicht nur als *bewegende Kräfte*, sondern vielmehr als *bildende Kräfte* wechselseitig (KdU, A 288 f.). Bei einem Baum sind alle Teile hervorbringende Ursache der anderen und des Ganzen. Ein Baum ist ein »organisiertes und sich selbst organisierendes Wesen«. Diese Selbstorganisation findet sich als Fortpflanzung auf der Ebene der Gattung, als Wachstum auf der Ebene des Individuums und als Regeneration auf der Ebene der Glieder. Berücksichtigt werden muss allerdings unter dem Gesichtspunkt der transzendentalen Kritik, dass es sich bei Zweckmäßigkeitsurteilen der Biologie für Kant um Urteile der reflektierenden Urteilskraft handelt. Die Urteilskraft gibt sich die Bestimmung »zweckmäßig« selbst, um naturwissenschaftliche Erfahrung überhaupt erst zu ermöglichen. Teleologische Urteile über Lebewesen stehen demnach stets unter dem Vorbehalt des »als ob«. Mit der alternativen mechanischen Erklärung der gesamten Natur gerät diese teleologische Erklärung von Organismen deshalb nach Kant nur dann in einen Widerspruch, wenn man sie fälschlich als konstitutive Bedingung der Natur versteht.

Auch das Beispiel Kants macht deutlich, wie eng die Beziehung zwischen Philosophie und Biologie ist. Kant nimmt Befunde und Theorien aus der Biologie auf, um damit seine philosophischen Fragen und Positionen zu erläutern, zu belegen oder zu lösen. Zugleich antwortet und reagiert er auf die ihm vorliegenden biologischen Erkenntnisse. Er bezieht damit auch fachwissenschaftlich Stellung. Deswegen erstaunt es nicht, wenn er seinerseits eine enorme Wirkung auf die Biologie entfaltet hat. Die Wechselbeziehung zwischen Kant und Blumenbachs Göttinger Schule hat Timothy Lenoir in vielen Arbeiten dargelegt (Lenoir 1980; 1981). Dabei zeigt sich, dass Blumenbach viele Aspekte der Philosophie Kants in die eigene biologische Methodologie übernommen hat. Auch der für die zeitgenössische Theorie der Biologie zentrale Carl Friedrich Kielmeyer (1765-1844) hat sich in seiner Rede *Über die Verhältnisse der organischen Kräfte* (1793) direkt auf Kants Definition des Organismus als Naturzweck bezogen (Kielmeyer 1993, 4).

Die philosophische Dimension der Biologie

Das folgende dritte Beispiel spannt den Bogen der Beziehung von Philosophie und Biologie bis in die jüngste Gegenwart. Wir setzen nun von der Biologie aus an und suchen die Verbindungen zur Philosophie. Bezeichnenderweise lässt sich eine solche selbst dort nachweisen, wo aus Sicht der Fachwissenschaft ausschließlich wissenschaftliche Befunde im Spiel sind. Im Gegensatz zu diesem Missverständnis, nach dem sich die biologische Fachidentität gerade durch Ab- und Ausgrenzung aller philosophischen Inhalte konstituiert, ist eine anhaltende Präsenz der Philosophie in nahezu allen Teilbereichen der Biologie festzustellen. Dies lässt sich anhand von Phänomenen der Entwicklungsbiologie demonstrieren. Zu den eingangs angedeuteten Transfers zwischen biomedizinischen Binnendisziplinen gehört in den letzten Jahren die enge Zusammenarbeit zwischen Zellbiologie, Gentechnik und Reproduktionsmedizin. Sie hat uns einige der am meisten diskutierten biologischen Innovationen beschert. Gerade in dieser öffentlichen Debatte werden die immanenten philosophischen Annahmen der modernen Biologie deutlich (vgl. Köchy 2005; 2005c).

Im Fokus der folgenden Erörterung steht die Diskussion um das reproduktive und therapeutische Klonieren, die Stammzellforschung und die Zelltherapie (Wobus et al. 2006). Vor allem die Stammzellforschung ist in den letzten Jahren ausgiebig öffentlich erörtert worden. Stammzellen sind teilungsfähige Zellen des Embryos, des Fötus oder des Erwachsenen, die noch nicht vollständig differenziert sind und ein Potenzial zur Ausdifferenzierung in unterschiedliche Zelltypen besitzen. Solche Differenzierungen sind biologisch wichtig, da im Zuge der Embryonal- und Postembryonalentwicklung alle Bildungen des erwachsenen Organismus aus einer einzigen befruchteten Eizelle entstehen müssen. Dafür ist neben der Zellvermehrung durch Zellteilung vor allem die arbeitsteilige Spezialisierung von Zellen notwendig. Im Labor ist es gelungen, diese Entwicklung gezielt zu beeinflussen. So kann eine gerichtete Ausdifferenzierung von Stammzellen in einen bestimmten Zelltypus erreicht werden. Die sich daraus ergebenden wissenschaftlichen und medizinischen Handlungsoptionen sind enorm, aber ebenso deren möglicherweise unerwünschte Folgen. Die ethische Beurteilung dieser Entwicklung hängt neben dem Status der Zellen (ontischer Aspekt) auch vom Kontext ihrer Gewinnung oder ihrer Manipulation ab (methodischer Aspekt).

Um die philosophischen Hintergrundannahmen in diesem Feld deutlich zu machen, sollte man zunächst den Forschungskontext ausblenden und sich auf die ontologische Frage nach dem Status von Zellen konzentrieren. Hier spielt ein um den Begriff der »Potenzialität« gruppiertes Begriffsfeld eine zentrale Rolle. Wie Gregor Damschen und Dieter Schönecker (2003) zeigen, geht es dabei nicht um Potenzialität als logische Möglichkeit oder als statistische Wahrscheinlichkeit, sondern um dispositionelle Möglichkeit oder »aktive Potenzialität«. Der vor allem in bioethischer Hinsicht diskutierte Begriff der »Potenzialität« betrifft also die Möglichkeit eines Lebewesens, x zu tun, y zu sein oder z zu werden. Betrachten wir deshalb die biologische Verwendung des Begriffs genauer. Schon auf den ersten Blick wird deutlich, dass die in der Entwicklungsbiologie und Stammzellforschung gebräuchliche Terminologie eine lange Tradition besitzt, die bis in die aristotelische Metaphysik zurückreicht. Schon hier wurde die Unterscheidung von Akt und Potenz als zentrales Merkmal der »organischen« Entwicklung diskutiert (Stallmach von Hain 1959). Man kann allerdings angesichts der Zurückweisung der aristotelischen Naturphilosophie in der Neuzeit diese Begriffstradition zunächst ausblenden und so tun, als hätte man es mit einer rein fachbiologischen Terminologie zu tun. Dem Ansatz einer Biophilosophie als Sprachanalyse folgend, kann man ferner versuchen, die Bedeutung der fachwissenschaftlichen Begriffe sprachlogisch zu bestimmen. Schnell wird man jedoch bemerken, dass die Beschränkung auf die rein formale Analyse kein adäquates Verständnis des biowissenschaftlichen Sprachspiels erbringt. Man wird deshalb genötigt sein, den praktisch-technischen und vor allem den historischen und institutionellen Kontext in die Analyse einzubinden.

Setzt man bei der heute geltenden Sprachpraxis an, dann sind es vor allem die beiden Begriffe »Totipotenz« und »Pluripotenz«, die von den Stammzellforschern zur Klassifikation von Stammzellen und deren Abgrenzung gegenüber anderen Zelllinien verwendet werden (Beier 1998; 1999; 2001). Beide Begriffe beziehen sich auf den Differenzierungsgrad und die sich daraus ergebende Entwicklungspotenz von Zellen. Allerdings unterscheidet sich der Sprachgebrauch der klassischen Embryologen deutlich von dem der Stammzellforscher. In der klassischen Embryologie verstand man unter »Totipotenz« die Entwicklungsfähigkeit einer einzigen Zelle oder eines embryonalen Gewebeverbandes *zu einem ganzen Individuum.* Die Folgezellen hingegen besitzen nur eine eingeschränkte Bildungsfähigkeit und können sich zu vielen, aber nicht zu allen Zelltypen umbilden. Vor allem sind sie nie in der Lage, ein vollständiges Individuum zu entwickeln. Diese eingeschränkte Fähigkeit nennt man »Pluripotenz«. In der Stammzellforschung spricht man hingegen abweichend von diesem Sprachgebrauch immer dann von »totipotenten« Stammzellen, wenn sie *einschließlich der Keimbahn* an allen sich differenzierenden Geweben beteiligt sind. Als »pluripotent« werden diejenigen Zellen bezeichnet, die zwar an zahlreichen Geweben, jedoch *außerhalb der Keimbahn*, beteiligt sind. In beiden Fällen sind die Zellen niemals in der Lage, ein komplettes Individuum zu erzeugen. Nach embryologischen Kriterien müssten sie deshalb beide als »pluripotent« bezeichnet werden.

Schon diese Variation im Sprachgebrauch in verschiedenen biologischen Fachgemeinschaften zeigt die Kontextabhängigkeit und historische Variabilität des biologischen Sprachspiels. Darüber hinaus verweist die embryologische Definition implizit auf eine umfängliche philosophische Tragweite der verwendeten Begriffe, etwa dadurch, dass das Konzept des Individuums ein wichtiges Thema der Biophilosophie darstellt (Wilson 1999; vgl. Kap. 6). Außerdem wird ihre biophilosophische Brisanz erhöht, sobald man den methodischen Kontext der heutigen Debatten berücksichtigt. Hier geht es statt um die »natürlich« gegebene um eine »künstlich«, durch experimentelle Eingriffe erzeugte Potenzialität, etwa beim Klonen durch Kerntransfer. Die genetische Information des Zellkerns einer ausdifferenzierten Zelle wird künstlich auf den Ursprungszustand zurückentwickelt. Die Fusionen von Zellkern und zellkernfreier Zelle sind dann möglicherweise in der Lage, die ursprüngliche »Totipotenz« zurückzugewinnen. Für die bioethische Diskussion um das reproduktive oder therapeutische Klonen ist deshalb vor allem die Frage nach dem Verhältnis zwischen der Potenzialität von »natürlich« entstandenen Zygoten und derjenigen von »künstlich« erzeugten Systemen wichtig (Jaenisch 2004).

Man erkennt hieran zunächst, wie biologische und ethische Überlegungen ineinandergreifen. Aber nicht um die Ethik geht es hier, sondern um den Zusammenhang von Biologie und Philosophie im Allgemeinen. Gehen wir deshalb einen Schritt weiter und betrachten die heutige Terminologie unter Einbeziehung wissenschaftshistorischer und methodologischer Aspekte in ihrer Genese. Wie schon die Unterscheidung von klassischer Entwicklungslehre und Stammzellforschung nahelegt, stammt der heutige Begriff »Totipotenz« aus der Frühzeit der experimentellen Entwicklungsforschung zu Ende des 19. Jahrhunderts. Er wurde vor dem Hintergrund einer bestimmten fachwissenschaftlichen Theorienlage entwickelt. Zudem steht er in engem Zusammenhang mit speziellen experimentellen Techniken zur Untersuchung von Vorgängen an ausgewählten Modellorganismen. Neben der fachimmanenten Funktion bei der Beschreibung entwicklungsbiologischer Befunde ist dabei für die Begriffsverwendung von Anfang an eine ganze Reihe philosophischer Motive wichtig (Köchy 2005).

Genauer betrachtet erfüllt der Begriff »Potenz« eine Schlüsselfunktion in der Auseinandersetzung zweier konkurrierender entwicklungsbiologischer Schulen und deren Forschungsprogrammen. Beide Ansätze unterscheiden sich in ihren jeweiligen methodologischen, epistemologischen und philosophischen Rahmenannahmen. Eine enge Verbindung zur Philosophie besitzt dabei bereits das erste Konzept der *Entwicklungsmechanik* des Biologen Wilhelm Roux (1850-1924). Die Schule der Entwicklungsmechaniker grenzt sich von der beobachtenden Embryologie ab und setzt gezielt auf das Experiment (vgl. Kap. 5). Roux beschränkt sich nicht mehr auf die mikroskopische Beobachtung von farbmarkierten Geweben, sondern propagiert den analytischen Ansatz von Physik und Chemie. Dabei leitet ihn ein mechanisches Verständnis der organischen Entwicklung. Als Ursachenforschung gilt die mittels experimenteller Eingriffe gewonnene Einsicht in das Entwicklungsgeschehen.

Wie die Begriffe »Potenz«, »Totipotenz« oder »Omnipotenz« in diesem Forschungsprogramm verwendet werden, zeigen die Einträge in der *Terminologie der Entwicklungsmechanik der Tiere und Pflanzen* (Roux 1912). Dabei wird deutlich, dass die Entwicklungsmechaniker die Begriffe »Totipotenz« (ebd., 409) und »Omnipotenz« (ebd., 281) unterscheiden. Zunächst scheint diese Differenzierung allein durch Unterschiede im Entwicklungsgeschehen bedingt zu sein und zeigt an, ob das Entwicklungsgeschehen normal verläuft oder gestört ist. Von »Totipotenz« wird nur im ersten Fall gesprochen. Sie bezeichnet das einer Eizelle gleichende Gestaltungsvermögen eines wenig spezifizierten Keimteils. Der Begriff »Omnipotenz« hingegen wird ausschließlich für Regenerationsvorgänge verwendet. Die beiden Begriffe beziehen sich also entweder auf die Entwicklung im Keimstadium oder auf bereits ausgewachsene Lebewesen. Betrachtet man die Begriffsunterscheidung und die mit ihr verbundene Gegenüberstellung von »natürlicher« und »künstlicher« Entwicklung genauer, dann stößt man auf ein umfänglicheres Motivationsgefüge. Dies wird deutlich, wenn man den historischen und institutionellen Kontext in die Betrachtung einbezieht. Für die Entwicklungsmechaniker war der experimentelle Eingriff stets mit dem Anspruch verbunden, das *normale* biologische Geschehen zu erfassen. Wenn deshalb Roux in den *Beiträgen zur Entwicklungsmechanik des Embryos* (1893, 839) den auf die »natürliche« Situation des Keimgeschehens bezogenen Begriff »Totipotenz« für den eigenen Erklärungsansatz reklamiert, während er den auf bloß »künstliche« Bedingungen der Regeneration bezogenen Begriff »Omnipotenz« dem gegnerischen Forschungsansatz von Hans Driesch (1867-1941) zuweist, dann macht dies die begriffspolitische Funktion der Unterscheidung deutlich. Roux schreibt dem konkurrierenden Ansatz mit dieser Interpretation letztlich nur eine Erklärungskraft für anomale Entwicklungen zu. Den eigenen Ansatz hingegen präsentiert er als *die* Erklärung des Keimgeschehens. Die dargestellte Begriffsdifferenzierung ist deshalb mehr als nur eine durch sachliche Erwägungen bedingte Spezifizierung biologischer Entwicklungsprozesse. Sie markiert vielmehr die Grenzen zwischen konkurrierenden Forschungsprogrammen. Die Unterscheidung bringt ein verstecktes Urteil über deren Erklärungskraft zum Ausdruck.

Analoges lässt sich auch für den konkurrierenden Ansatz von Hans Driesch feststellen. Wie Roux setzt Driesch auf das Experiment. Er folgt dabei jedoch einer holistischen und *vitalistischen Naturphilosophie*. Dabei wird die Lehre von den organischen Potenzen zum Grundsatz eines naturphilosophischen Systems (Driesch 1951, 87). Für Driesch selbst repräsentiert dieser Begriff allerdings ebenfalls lediglich empirische Befunde der experimentellen Entwicklungsforschung. Von der Metaperspektive der historischen Analyse aus wird dieser Begriff jedoch erneut in seiner abgrenzenden Funktion zum alternativen mechanischen Forschungsprogramm erkennbar. In der *Philosophie des Organischen* (1928, 58 ff.) bezeichnet Driesch mit »prospektiver Bedeutung« das *wirkliche* Schicksal von Teilen des Embryos im normalen Entwicklungsgeschehen, mit »prospektiver Potenz« hingegen deren *mögliches* Schicksal. Dieser zweite Fall ist nun jedoch positiv konnotiert und bringt die organische Plastizität zum Ausdruck. Zudem ist die Potenzialität nun Beleg für eine spezielle ganzheitliche Organisation des Entwicklungsgeschehens.

Die Differenz zweier maßgeblicher Forschungsprogramme der biologischen Entwicklungslehre kulminiert somit in der je unterschiedlichen Verwendung und Deutung des Konzepts der prospektiven Potenz (vgl. Penzlin in Jahn 2000, 444 ff.). Dieses historische Beispiel zeigt, dass sich die biologische Debatte um das Entwicklungsgeschehen von den jeweiligen Methodenkonzepten, den Wissenschaftsidealen, den betrachteten Modellorganismen, aber vor allem von den begleitenden Philosophien nicht trennen lässt. Die philosophische Komponente auch des modernen Sprachgebrauchs der Entwicklungsforschung könnte deshalb nicht deutlicher werden als durch die Tatsache, dass es Hans Driesch war, der diesen Begriff in der Biologie starkgemacht hat, denn es ist Hans Driesch, der den aristotelischen Gedanken zur Deutung des embryologischen Entwicklungsgeschehens umfassend würdigte (Driesch 1905, 11 f.; Driesch 1927, 17 f.). Das letzte Fallbeispiel diente deshalb nicht der Rechtfertigung der neovitalistischen Naturphilosophie – diese Konzeption ist seit den Experimenten von Sven Hörstadius (1898-1996) und der Gradiententheorie von John Runnström widerlegt –, sondern es geht darum zu zeigen, in welchem Umfang ein noch heute zentraler Begriff der innerbiologischen Debatte bei Berücksichtigung von dessen Genese auf eine Auseinandersetzung zwischen Forschungsprogrammen und deren impliziten Naturphilosophien hinausläuft. Statt mit einer klaren Trennung zwischen empirischen Sätzen der Biologie und analytischen Sätzen der Wissenschaftstheorie hat man es zumeist mit einem Kontinuum von wissenschaftlichen Forschungsprogrammen und Philosophie zu tun. Allgemeine philosophische Konzepte gehen in fachwissenschaftliche Theorien und Praxen über. Sie verbinden sich mit konkreten empirischen Befunden an speziellen Modellorganismen. Sowohl biologische als auch philosophische Überlegungen sind dabei nicht nur untereinander, sondern vor allem auch mit bestimmten Beobachtungen und Experimenten eng verzahnt.

Im Ergebnis verweisen damit alle drei Beispiele auf die enge Verbindung von Biologie und Philosophie. Zudem wird deutlich, dass die Biophilosophie eines kontextualistischen Standpunkts bedarf. Sie hat den vielfältigen Beziehungen zwischen ontologischen, methodologischen, epistemologischen und ethischen Fragen zur Biologie nachzugehen. Diese Aufgabenstellung, die auch eine historische und soziologische Ausrichtung bedingt, werden die nächsten Kapitel entfalten. Das damit zugrunde gelegte Verständnis von Biophilosophie lässt sich in Anlehnung an die Überlegungen von Marjorie Grene und David Depew (2004, 354) folgendermaßen beschreiben: »It is neither an abstract logical formulation that we are looking for, nor a caricature of scientific practice [...]. What we are aiming at is a multidimensional analysis that displays the complex and subtle elements that constitute science, or rather, a science«.

2. Gegenstand und Methode

Formalobjekte und Labororganismen

Nach dem gängigen Verständnis einer Wissenschaftstheorie der Biologie kommen die im ersten Kapitel genannten ontologischen Funktionen der Biophilosophie allerdings nicht zum Tragen. Man konzentriert sich auf methodologische Fragen – im engeren Sinne auf den Kontext der Rechtfertigung biowissenschaftlicher Theorien – und folgt damit den Vorgaben des Logischen Empirismus auch in dem Sinne, dass man ausschließlich den Naturwissenschaften einen direkten Zugriff auf die Natur zubilligt und die Philosophie auf das symbolische Universum der Sprache zurückverweist (Schlick 1968). Ontologische Bestimmungen stehen dabei stets unter den Vorbehalten gegen eine spekulative Metaphysik. Diese gilt als unwissenschaftliches und sinnloses Unterfangen. Werden in diesem Rahmen philosophische Reflexionen zum biologischen Gegenstandsbereich angestellt, dann lediglich unter den formalen Gesichtspunkten einer Logik der Forschung. Als Orientierungspunkt dienen dabei die idealen Objekte der mathematisierten Physik.

Dieses Verständnis vom naturwissenschaftlichen Objekt findet sich exemplarisch in den Überlegungen des Pragmatisten John Dewey (1859-1952), der in seinem Buch *Erfahrung und Natur* (1995, 134 ff.) die naturwissenschaftliche Methode vor allem dadurch kennzeichnet, dass sie sich auf ausgewählte Aspekte der Wirklichkeit konzentriert und andere ausblendet. Die herausgehobenen Merkmale sind diejenigen, die als nützliche Werkzeuge zur Manipulation und Gestaltung der Wirklichkeit dienen können. Interessant ist, welches Bild vom Forschungsobjekt dabei entsteht. Dewey identifiziert Naturdinge mit mathematisch-mechanischen Objekten, die Abstraktionen von alltäglichen Wahrnehmungsphänomenen darstellen. Wesentlich für diese Abstraktion ist es, dass naturwissenschaftliche Objekte als konstant und stabil gelten, während die Wahrnehmung instabil, einzigartig und unwiederholbar ist. Erstere stellen zudem kontrollierte Repräsentanten einer Klasse von Dingen dar. Die so gefasste Natur bildet eine homogene Sphäre mit umfassender Möglichkeit zur Substitution. Naturwissenschaftliche Objekte sind drittens so beschaffen, dass ihre numerisch diskreten Elemente zu übergeordneten Einheiten zusammengefasst werden können. Die Natur gleicht damit einem bis in die Endglieder analysierbaren Baukasten. Naturwissenschaftliche Objekte sind schließlich exemplarische Fälle eines Gesetzes.

Man erkennt an dieser Bestimmung zweierlei: Erstens wird das materielle Objekt der Naturwissenschaften als ideales Objekt der Mathematik verstanden. Zweitens sind alle genannten Objekteigenschaften auf bestimmte methodische Vorgaben abgestimmt. Die ontologischen Bestimmungen Stabilität, Homogenität, Zusammengesetztheit und Regularität erweisen sich als Folge der methodologischen Forderung nach Wiederholbarkeit, Kontrolle, Analyse und Verallgemeinerung. Wie es der Wissenschaftshistoriker und -philosoph Pierre Duhem (1861-1916) für das physikalische Labor postulierte, sind naturwissenschaftliche Objekte damit »theoretische Tatsachen« (Duhem 1978, 188 ff.). Sie sind in einer abstrakten Sprache formuliert, die nur dem Fachwissenschaftler mit entsprechender Theoriekenntnis verständlich ist. Für Duhem wie für Dewey ist es deshalb vor allem die Interpretation im Lichte naturwissenschaftlicher Theorien, die zur Konstituierung von »Tatsachen« führt. Bezeichnend ist, dass Duhem bei seiner Charakterisierung die Physik zum Leitbild wählt. Für ihn weisen Biologie oder Medizin keine vergleichbar abstrakten Vollzüge auf. Ein physiologisches Experiment ist dementsprechend immer noch ein Bericht über konkrete Tatsachen.

Nun entspricht diese Einschätzung offensichtlich nicht mehr der Realität heutiger Labor- und Experimentalbiologie (vgl. Kap. 5). Betrachten wir deshalb die Frage nach dem biologischen Objekt angesichts der Realität in den biologischen Laboratorien. In den letzten Jahren hat die Wissenschaftssoziologin Karin Knorr Cetina dazu einige vergleichende Studien vorgelegt. Sie betrachtet die Laboratorien als »gesteigerte« Umwelten, die auf der Vorstellung basieren, Untersuchungsobjekte seien keine festen Entitäten. In Laboratorien setzt man auf die Manipulierbarkeit von Natur (Knorr Cetina 2002, 45 ff.). Der Vorteil der Laborwissenschaft besteht folglich darin, dass man die natürlichen Objekte weder dort belassen muss, wo sie normalerweise vorkommen, noch abwarten muss, bis sich natürliche Prozesse ereignen. Dabei beruht vor allem das molekularbiologische Labor auf der Technologie der Intervention. In solchen Labors werden natürliche Phänomene zu »partiellen prozessierten Versionen« des Originals umgeformt (ebd., 53).

Betrachtet man die Konstruktion der Objekte im molekularbiologischen Labor genauer, dann werden die komplexen Wechselwirkungen zwischen den Laborobjekten, dem Kontext ihrer methodischen Aneignung und der Selbstkonstitution der Forscher deutlich. Zunächst muss betont werden, dass die Objekte biologischer Forschung nicht nur experimentell *untersucht* werden. Vor der eigentlichen Untersuchung werden sie aufgezogen, gezüchtet, in Nährlösungen und Brutkammern entwickelt und in Vorratskammern und Kälteeinrichtungen aufbewahrt. Für diese essenziellen Arbeitsschritte des Laborvollzugs müssen die Bedingungen zur Erhaltung des Lebens der zu züchtenden Lebewesen oder ihrer Glieder berücksichtigt werden, was immer ein Moment der Aufmerksamkeit und Pflege beinhaltet. Andererseits sind die meisten Versuchsobjekte der Molekularbiologie – etwa Viren, Bakterien oder Plasmide – so beschaffen, dass »Aufmerksamkeit« keine direkte moralische Verpflichtung impliziert (vgl. Kap. 7). Auch haben die »Sorgen« um das Wohlbefinden von Untersuchungsobjekten wie Zellen eher den Status von Besorgnis um den möglichst optimalen Einsatz von Zeit und Ressourcen.

Resistenzen und Reaktionen im Labor

Im Anschluss an die Verfahren der Aufzucht und Hälterung setzen dann die Prozesse der präparativen Vorbereitung sowie der eigentlichen experimentellen Untersuchung ein. Dabei werden die Forschungsobjekte vielfältigen Eingriffen ausgesetzt. Das Ergebnis dieser objektorientierten manipulativen Verfahrensweise sieht jedoch ganz anders aus, als es die Vorstellung eines mathematischen Idealgegenstands nahelegt. Zudem zeigt sich, dass die Konstruktion des Forschungsobjekts durch die biologischen Forscher und ihre Methoden nur die eine Seite des Geschehens repräsentiert. Das Konstruierte greift vielmehr im Vollzug der Forschung aktiv oder passiv in den Konstruktionsvorgang ein. Letztlich hat man es mit einer wechselseitigen Beziehung zu tun. Es ist davon auszugehen, dass Methode und Objekt sich im praktischen Prozess der Forschung nach Art einer Koevolution gegenseitig beeinflussen.

Konzentrieren wir uns zunächst wieder auf Knorr Cetinas Analyse, dann zeigen sich diese besonderen Bedingungen der

Biologie an vielen Details. Aufschlussreich sind vor allem diejenigen Aspekte des Forschungsvollzugs, die Knorr Cetina »Resistenzen« nennt (ebd., 157 ff.). Solche Resistenzen, Schwierigkeiten in der Umsetzung geplanter Forschungsabläufe also, werden entweder direkt den Objekten der Untersuchung zugeschrieben oder aber den Verfahrensweisen, die sich als »widerständig« erweisen. Beide Aspekte hängen eng zusammen. So sind etwa die für die Laborbiologie typischen Laborprotokolle, die dazu dienen, die komplexen Abfolgen des Manipulationsvorgangs schriftlich zu fixieren, nicht nur Anleitungen für den geordneten Handlungsablauf, sondern sie sind »in der Praxis mit widerständigen Materialien und Lebewesen ausgehandelt« (ebd., 132). Fehlschläge sind damit essenzieller Bestandteil der Labortätigkeit. Aus den Resistenzen resultieren epistemische Strategien, mit denen die Forscher auf die »Widerständigkeit« ihrer Objektwelt reagieren. In der Laborbiologie führen sie zu einem Trial-and-error-Verfahren. Mit ihrer Analogisierung der Verfahren der Molekularbiologie als »blinde Variation« und »natürliche Selektion« deutet auch Knorr Cetina eine Koevolution von Objekt und Methode an, wobei vor allem die besonderen Bedingungen der Biologie deutlich werden. Laborverfahren und epistemische Strategien sind stets eine Folge der Tatsache, dass »die in der Molekularbiologie verwendete Maschinerie weitgehend die der ›lebenden‹ Zelle und der Reproduktion von Organismen ist«. So »unterliegen Versuche des Selbst-Verstehens von Instrumenten und Komponenten experimenteller Aktivitäten denselben Beschränkungen wie Untersuchungen des Objektbereichs« (ebd., 137).

Mit dieser Interpretation ist allerdings eine implizite Ontologie in die Biophilosophie eingezogen. Diese dürfte nicht von allen Wissenschaftsphilosophen geteilt werden und liegt vermutlich nicht einmal in der direkten Absicht von Knorr Cetina. Gerade das heute prominente soziale, psychologische oder kontextuelle

Verständnis von Wissenschaft geht vielmehr häufig mit einer Ausblendung jener ontologischen Seite einher. Immer noch steht der Rekurs auf Erfahrungen, auf Bedingungen des Objektbereichs oder auf die sich in der Praxis zeigenden Merkmale des Forschungsgegenstands unter dem Verdacht, eine naive oder dogmatische Metaphysik auszudrücken. Die Widerständigkeit wird deshalb eher als ein psychologisches Moment im Rahmen des Konstruktionsvorgangs interpretiert. Eine zentrale Vorgabe für dieses Verständnis bildet die richtungweisende Arbeit des Wissenschaftshistorikers Ludwik Fleck (1896-1961). Im Zusammenhang mit seinem Konzept der wissenschaftlichen *Denkstile* hat er sich explizit zur Objektkonstitution im biomedizinischen Labor geäußert (Fleck 1980; 1983). Am Beispiel der mikroskopischen Untersuchung und Diagnose von Diphtherieerregern zeigt Fleck, wie Objekte der Beobachtung in einem sozial und methodisch tradierten Konstruktionsvorgang gerichteter Aufmerksamkeit »entstehen« (vgl. Kap. 3). In diesem Zusammenhang scheint die Widerständigkeit eines mit den bisherigen Beobachtungs-, Beschreibungs- und Erklärungsmitteln unzugänglichen Objekts lediglich als ein »Widerstandsaviso« deutbar zu sein (Fleck 1983, 75). Indem er sich auf die gestaltpsychologische Theorie der Wahrnehmung bezieht, geht Fleck davon aus, dass neue und ungewohnte Wahrnehmungsphänomene eine Störung unserer »Denkoszillationen« erzeugen. Daraufhin setze eine Gedankenbewegung ein, deren Ziel es ist, die neuen Phänomene in die bisherige gedankliche Ordnung zu integrieren. Aus dem Chaos der Sinneseingänge soll ein stimmiges neues Wahrnehmungsbild entstehen. So konstituiert sich eine neue Sehgewohnheit, die in einer von allen Mitgliedern des Denkkollektivs geteilten neuen Gestaltwahrnehmung mündet. Erst nachträglich deuten die Mitglieder des Forschungskollektivs die eigene soziale Konstruktion in eine von ihnen unabhängige äußere Wirklichkeit um.

In letzter Zeit zeichnet sich jedoch – und das immer noch unter kontextualistischen Vorzeichen und unter Einbeziehung soziologischer und psychologischer Ansätze – eine Erweiterung dieses sozialkonstruktivistischen Verständnisses der Objektkonstitution ab. Die Überlegungen von Knorr Cetina sind dafür nur ein Beispiel. Gerade dort, wo die biologische Laborforschung es mit Organismen oder deren Substrukturen zu tun hat, wandelt sich das einseitige Konstruktionsmodell zu dem, was Bruno Latour eine spezielle Form des Symmetriemodells nennt. Damit wird nicht nur den Objekten im Labor eine eigene Geschichte zugestanden. Auch sind nun die Forscher nicht mehr die einzigen Akteure des Geschehens. Das Ergebnis des Zusammentreffens von Forscher und Forschungsobjekt im Labor stellt mehr dar, als es die einseitige Vorstellung des kognitiven oder technischen Konstruktionsvorgangs wiedergibt. Wie Latour am Beispiel von Louis Pasteurs (1822-1895) »Entdeckung« der Milchsäurefermentation zeigt, wird weder durch den Forscher im konstruktiven Sinne »einer unendlich plastischen Form seine Sichtweise aufgezwungen«, noch hat der Biologe im realistischen Sinne »durch tastende Versuche den Widerstand einer unendlich robusten Form entdeckt« (Latour in Hagner 2001, 287). Die Entdeckung/Erfindung/Konstruktion des Milchsäureferments stellt sich vielmehr als ein Netzwerk von Relationen dar. In diesem Gefüge »stößt« sowohl Pasteur dem Ferment »zu« als auch das Ferment Pasteur. Diese Wechselwirkung von Relationen lässt eine neue Wirklichkeit entstehen.

Konkretisiert und ergänzt man diesen Gedanken durch die Befunde, die in den letzten Jahren zum Status von Labororganismen vorgelegt wurden, dann wird die Dimension dieser Wechselwirkung deutlich (vgl. Kap. 4). Wie Robert E. Kohler aus seinen Untersuchungen zum Laborleben der Fruchtfliege *Drosophila* schließt, bildet das Labor eine eigene Umwelt, in der die

Interaktionen zwischen Forscher und Forschungsobjekt den Charakter einer Symbiose annehmen (Kohler in Lederman, Burian 1993, 287). In dieser Laborumwelt werden nicht nur die Organismen zu Forschungszwecken manipuliert und konstruiert. Auch umgekehrt erzeugen die speziellen Erfordernisse von unterschiedlichen Labororganismen die Entstehung eines je spezifischen Arsenals an Methoden und Verfahren. So entsteht eine deutlich gewandelte Forschungsumwelt für die Forscher im Labor. Das »Spiel« Biologie wird fortan unter neuen Regeln gespielt. Nicole Karafyllis (2003, 2006) hat dieser ambivalenten Situation hinsichtlich des Forschungsobjekts im biologischen Labor Rechnung getragen, indem sie den Neologismus »Biofakt« ins Spiel brachte. Diese sprachliche Neuschöpfung soll ausdrücken, dass Organismen im Labor angesichts der mannigfaltigen Manipulationen und Konstruktionen eine hybride Stellung zwischen Natur- und Kunstgegenstand einnehmen. Darüber hinaus wird deutlich, dass die Laborbiologie trotz all ihrer manipulativen Möglichkeiten gerade in der Forschungspraxis auf die Bedingungen der Lebewesen reagiert. In alle biologischen Vollzüge werden so die Voraussetzungen zur Erhaltung von Lebensprozessen implizit eingebaut. Das für die Biofakte als Lebewesen charakteristische Wachstum beispielsweise ist einerseits Medium ihrer Selbstkonstitution und andererseits Mittel ihrer labortechnischen Herstellung. Im Fall der Erzeugung transgener Pflanzen ist der technische Eingriff im gentechnischen Verfahren ebenso zu berücksichtigen wie die Notwendigkeit des vorherigen Vorhandenseins von Pflanzen, Pflanzenzellen, Pflanzen-DNA oder die nachträgliche Möglichkeit der Aussaat und Aufzucht der transgenen »Produkte«. So sind Biofakte Gebilde, die sich qua Lebende von der Technik als einer »zweiten Natur« abstoßen und die dennoch mit dieser Technik verbunden bleiben.

Gerade angesichts der Verschränkungen zwischen den verschiedenen epistemologischen, methodologischen und ontologischen Domänen des biologischen Labors, die ihren sachlichen Grund in der ebenfalls innigen Verschränkung sozialer, technischer und natürlicher Elemente haben, wird die Frage nach dem Akteurstatus der biologischen Untersuchungsobjekte virulent (Weber in Köchy, Schiemann 2006, 111 ff.). Einige aktuelle Strömungen in der Debatte um die Technosciences dehnen deshalb die Rede von Akteuren und Aktanten deutlich über die menschlichen Mitglieder des Laborkollektivs aus. Diese neue Fassung von »Laborgemeinschaft« mutet als eine Art Pendant zu entsprechenden Ausdehnungstendenzen in der umweltethischen Debatte hinsichtlich »ökologischer Gemeinschaften« an (etwa Leopold 1949, 202 ff.). Wie dort zu den Mitgliedern einer ökosystemaren Lebensgemeinschaft nicht nur Menschen gehören sollen, so wird auch hier die Laborgemeinschaft nicht auf die beteiligten Forscher beschränkt. Für manche Interpreten umfasst das Netzwerk der Akteure (Bellinger, Krieger 2006) und Aktanten menschliche, technische und nicht-menschliche natürliche Entitäten und greift zudem auf die vielen hybriden Strukturen der technischen Aneignung und Umformung des Lebensgeschehens im Labor über. Diese Erweiterung ist sicher philosophisch nicht unproblematisch, etwa wenn man in die Zuschreibung eines Akteursstatus die Momente der Intentionalität oder Subjektivität einschließen möchte. Sie scheint dennoch eine legitime Reaktion auf die im Laborvollzug deutlich werdenden Abhängigkeiten zu sein. Diese verweisen darauf, dass das gestalterische Potenzial im Labor nicht allein auf Seiten der menschlichen Akteure und ihrer Handlungen liegt. Auch für die Ausdehnung der Klasse der »Aktanten« auf die technischen Elemente des Laborkontextes spricht angesichts fließender Grenzen zwischen Modellorganismen und dem technologischen Equipment ihrer Aneignung einiges. Ein exponiertes Beispiel dafür sind hybride Formen wie die OncoMouse™ (Weber in Köchy, Schiemann 2006, 116; Haraway 1997), ein transgenes Tiermodellsystem, das in den Bereich der wissenschaftlichen Instrumente zur Bekämpfung von Krebs gehört (vgl. auch Kap. 4).

Aus dieser Verzahnung von Gegenstand und Methode ist für die Vorgehensweise der Biophilosophie eine wichtige Konsequenz zu ziehen. Biophilosophie sollte weder als rein auf den Gegenstandsbereich bezogene Analyse des phänomenologischen, ontologischen oder logischen Status biologischer Objekte betrieben werden, noch sollte sie als rein auf die Methoden, Instrumente und Techniken der biologischen Disziplinen konzentrierte methodologische Wissenschaft verstanden werden. Erst im Kontext von wissenschaftlichen Forschungsprogrammen, erst durch Einsatz von speziellen Techniken unter Vorgabe bestimmter Wissenschaftsbilder, entsteht die Kontur dessen, was im Nachhinein als biologisches Objekt erscheint. Umgekehrt prägen jedoch die Bedingungen des biologischen Objektbereichs die jeweils erfolgreichen Forschungsansätze und Verfahren und damit auch das Verständnis dessen, was Biologie sein soll.

3. Beobachtung und Darstellung

Betrachtet man die Frage nach dem biologischen Gegenstand nicht unter forschungspraktischen Aspekten des Labors, sondern unter theoretischen Aspekten der Evolutionslehre, dann hat es die Biologie mit einem extrem vielfältigen, komplexen und zudem dynamischen Gegenstandsbereich zu tun. Nach der Evolutionstheorie bilden die Variation und Diversität von Lebewesen infolge von Abwandlungen und Fehlern im Reproduktionsgeschehen (Ebene des Genoms) *das* biologische Grundgeschehen. Daraus folgt eine Verschiedenheit der Lebewesen (Ebene des Individuums). Diese reproduzieren sich angesichts bestimmter Selektionsverhältnisse unterschiedlich (Ebene der Population). Die mit der Evolutionstheorie beschriebenen biologischen Einheiten sind somit stets raumzeitlich begrenzt, unregelmäßig verteilt und heterogen. Die Perspektive der Evolution verweist also auf die hochgradige Diversität biologischer Phänomene sowie deren prägende Kennzeichen der Variabilität (Oksanen, Pietarinen 2004) und Individualität (Wilson 1999). Darüber hinaus sind diese Phänomene hinsichtlich ihrer individuellen und stammesgeschichtlichen Entwicklung sowie ihrer genetischen Grundlagen einer steten Veränderung unterworfen (Burian 2005). Die auffälligsten Merkmale des biologischen Objektbereichs sind damit Heterogenität, Komplexität und Dynamik. So dürfte schon die Zahl der möglichen Objektklassen in der Biologie wesentlich höher sein als in der Physik (Vollmer 1995, 16 f.). Zudem ist auch die Zusammensetzung der einzelnen Klassen extrem heterogen. Schließlich sind die meisten Glieder dieser Klassen von hoher struktureller und dynamischer Komplexität. Somit geht es in der Biologie zunächst darum, die Vielfalt der Bildungen als solche zur Kenntnis zu nehmen und sie möglichst detailliert zu beschreiben (Köchy 2005b). Erst in einem zweiten Schritt werden Erklärungen für die beobachteten Strukturen und Funktionen gesucht, oder es geht um Klassifikation und Systematisierung der Befunde. Im Dienste der Erklärung kommt schließlich der Aspekt der experimentellen Manipulation ins Spiel – möglichst in einer vereinfachten und in dieser Hinsicht gegenüber dem Freiland »gesteigerten« Umwelt des Labors.

Die als Ergebnis des evolutionären Prozesses entstandenen vielfältigen biologischen Formen, ihre komplexen Symmetrien und bewunderungswürdigen Muster haben von Anfang an die Faszination der Biologie begründet. Es läge deshalb nahe, den psychologischen oder auch lebensweltlichen Anfang und Antrieb zur Beobachtung biologischer Bildungen auch im historischen und systematischen Sinne als Anfang zu verstehen. Man könnte deshalb geneigt sein, vom »bloßen« Beginn biologischer Forschung in der Beobachtung zu sprechen. Damit entstünde der Eindruck eines defizitären Zustands, den es im Prozess der intellektuellen und technischen Entwicklung zu überwinden gilt. Die Naturwissenschaft Biologie begänne dann erst mit der Ablösung von Beobachtung und Beschreibung. Es wäre eine »naturgeschichtliche«, vorwissenschaftliche Biologie – etwa jene des Aristoteles – gegen eine auf theoretische Erklärung und experimentelle Manipulation setzende wissenschaftliche Biologie abzugrenzen. Eine solche karikaturhafte Darstellung mag ihre systematische Funktion erfüllen. Sie ist jedoch sowohl wissenschaftshistorisch als auch wissenschaftsphilosophisch höchst problematisch. In historischer Hinsicht besitzt sie eine Tendenz, bestimmte Entwicklungsphasen der Biologie als un- oder vorwissenschaftlich zu diskreditieren. Unter diesem eingeschränkten Blickwinkel kann etwa der falsche (populärhistorische) Eindruck entstehen, die Lehre des Aristoteles sei lediglich ein »Hemmschuh für die Entwicklung der Biologie« (Taylor 1963, 15). Die Biologie des Aristoteles bestimmt man jedoch mit der entsprechenden Festlegung auf die deskriptive Natur*geschichte* nicht adäquat (Grene, Depew 2004, 15 ff.). Philosophisch betrachtet läuft die strikte Gegenüberstellung von Erklärung und Beschreibung darauf hinaus, das den tatsächlichen Forschungsvollzug prägende Ineinandergreifen von verschiedenen Elementen der Methodologie und des wissenschaftlichen Erkenntnisprozesses zu sehr zu vereinfachen. Schon Aristoteles hatte deshalb auf die notwendige Aufeinanderfolge von Phänomendarstellung und Erklärung verwiesen (Lennox 2001, 39 ff.). Doch die eigentliche Beziehung ist noch inniger: Beobachtung ohne theoretische Vorurteile und Vorannahmen, ohne subjektive Färbung und gerichtete Aufmerksamkeit ist nicht möglich (Feyerabend 1976, 111 ff.). Dies gilt umso mehr für die instrumentell vermittelte Beobachtung. Reine Theorie ohne empirische Fundierung wäre nicht nur nicht-naturwissenschaftlich, sie wäre überhaupt, wie Kant formuliert, »leer«. Ein Experiment ohne Beobachtung und Aufzeichnung der Experimentalergebnisse wäre ebenso sinnlos. Auch die Aufzeichnung und Darstellung des Beobachteten ohne deren Interpretation vor dem Hintergrund von Messtheorien oder Erklärungsmodellen ist nicht wissenschaftlich sinnvoll. Schließlich prägt die Abstraktion des Beobachteten, Gemessenen und Aufgezeichneten jeden wissenschaftlichen Vollzug.

Diese und weitere Verflechtungen zeigen deutlich, dass eine philosophische Untersuchung der biologischen Beobachtung und Darstellung immer den experimentellen Eingriff und die Theorie mitberücksichtigen muss. Eine klare Trennung von Beobachtung als »passiver Empirie« und Experiment als »aktiver

Empirie« (Wuketits 1983, 86 ff.) existiert ebenso wenig wie eine klare Trennung von Darstellen (*representing*) und Eingreifen (*intervening*) (Hacking 1996). Dass für die folgenden Überlegungen dennoch eine Aufgliederung in die verschiedenen Momente der biologischen Methodologie vorgenommen wird, hat also vorwiegend didaktische Gründe. Die gesonderte Abhandlung von Beobachtung und Darstellung ist jedoch auch Ausdruck einer Verlagerung der Aufmerksamkeit innerhalb der Biophilosophie. Die klassischen Ansätze der Wissenschaftstheorie – vom Logischen Empirismus über Popper bis hin zu Kuhn – hatten die naturwissenschaftliche Beobachtung zwar stets vorausgesetzt, ihr jedoch nur geringe Aufmerksamkeit geschenkt. Das Interesse der Logik der Forschung galt den begrifflich gefassten Anteilen der Wissenschaft. »Wissenschaft ist die Gesamtheit anerkannter Sätze« – so die paradigmatische Vorgabe in Carnaps Wissenschaftslogik. Auch Karl Popper (1902-1994) hat in seiner Methodenlehre bei aller Kritik am sprachzentrierten Ansatz des Wiener Kreises ausschließlich die logischen Bedingungen der Rechtfertigung von empirischen Theorien untersucht. Es geht dabei vorrangig um Entscheidungen »über die Art, wie mit wissenschaftlichen Sätzen verfahren werden muss« (Popper 1994, 22). Diese Ausklammerung der Beobachtung, ihrer Bedingungen sowie der mit ihr verbundenen Strategien der Visualisierung prägt selbst noch das Wissenschaftsbild von Thomas Kuhn (1922-1996). Für ihn gehört die Produktion wissenschaftlicher Abbildungen in den Bereich der Nebenprodukte der »eigentlichen« wissenschaftlichen Tätigkeit (Kuhn 1977, 448).

Beobachtung als Praxis

Die Einseitigkeit dieser Ausklammerung der Beobachtung durch die Wissenschaftstheorie sowie die grundsätzlichen Bedingungen biologischer Beobachtung im Labor werden allerdings schon im Werk des Wissenschaftshistorikers Ludwik Fleck (1983, 59 ff.) deutlich. Die von der positivistischen Wissenschaftstheorie vorausgesetzte, unproblematische Beobachtung kritisiert Fleck exemplarisch an der Behauptung, die Forderung »Schaue, aber schaue gut« sei die notwendige und hinreichende Voraussetzung für naturwissenschaftliches Wissen. Implizit sind von dieser Kritik auch Carnaps Vorstellung eines vollständigen axiomatischen Aufbaus des Wissens sowie dessen Behauptung eines unproblematischen, weil eindeutigen Übergangs von der Beobachtung zum Begriff betroffen.

Was ist nun gegen solche Überlegungen einzuwenden? Zunächst gehen die positivistischen Modelle ganz generell von »Beobachtung« aus und unterscheiden zwischen »guten« und »schlechten« Beobachtungen. Eine solche *allgemeine* Fähigkeit zu beobachten ist nach Fleck jedoch gar nicht gegeben. Man hat es vielmehr stets mit einem Beobachten zu tun, das mit einem bestimmten Wissenszweig übereinstimmt oder nicht übereinstimmt. Beobachtung ist eine disziplinen- und kontextspezifische Fähigkeit. Fleck konzentriert seine Analysen deshalb auf die *biologische* Beobachtung im Labor. Jede wissenschaftliche Beobachtung erfordert die Schulung in der Wahrnehmung spezifischer Gestalten. Spezialisten der Beobachtung in einem Wissenschaftsfeld (etwa Mediziner mit einer profunden Gabe zur Begutachtung von körperlichen Krankheitsmerkmalen) können auf anderen Feldern (etwa in der Bakteriologie) völlig versagen, weil sie hier keine spezifischen Beobachtungsfähigkeiten ausgebildet haben.

Der zweite Fehler des positivistischen Beobachtungskonzepts ist damit die Ausblendung des Beobachters, seiner sozialen Einbindung, seiner fachwissenschaftlichen Ausbildung und ganz allgemein der Conditio humana. Vorausgesetzt wird vielmehr eine Art göttliche Perspektive. Der ideale wissenschaftliche Beobachter beobachtet alles, besitzt unendlich viel Zeit und ist zudem in der Lage, alle Beobachtungen deutlich zu fassen und sie in Begriffe zu überführen. Diese Bedingungen liegen jedoch in realen Forschungskontexten niemals vor. Aus diesem Grund ist die philosophische Untersuchung der Beobachtung auf je umschriebene Beobachtungskontexte abzustimmen. Fokussiert man auf fachdisziplinäre Kontexte, dann wird deutlich, dass die jeweils Beobachtenden sich stark unterscheiden. Die Qualifikation der Beobachter kann vom Laien bis zum Experten variieren. Damit entsteht jedoch nicht nur ein Spektrum unterschiedlicher Beobachtungsqualitäten, sondern auch eines von deren sprachlichen oder bildlichen Wiedergaben. Während der Laie ohne Anleitung und Einführung in den Gebrauch der Instrumente gar keine Beobachtung im wissenschaftlichen Sinne macht, hat der Experte im Laufe seiner Ausbildung eine gerichtete Wahrnehmung entwickelt. Er ist in der Lage, die für seine Disziplin wichtigen »Gestalten« wahrzunehmen. Zugleich schwinden ihm jedoch die Fähigkeiten, anderes wahrzunehmen. Gerichtete Aufmerksamkeit und spezifische Blindheit sind zwei Seiten desselben Professionalisierungsgeschehens. Darüber hinaus zeigt Flecks Analyse, dass die Fähigkeit zur wissenschaftlichen Beobachtung durch Schulung in einer wissenschaftlichen Tradition erworben ist. Sie ist nicht, wie von Carnap und anderen vorausgesetzt, ein unmittelbar Gegebenes.

Ein Drittes lässt sich feststellen: Nicht nur die Fähigkeit zur Beobachtung, sondern auch die Möglichkeiten der intersubjektiven Vermittlung des Beobachteten sind kontextabhängig. Neben den unterschiedlichen Beobachtungsqualitäten existiert eine Vielfalt von Beschreibungsqualitäten und Darstellungspraktiken. Das Spektrum reicht von der Unmöglichkeit, Beobachtetes zu verbalisieren (Laie) über die Abgabe »phantastischer Protokolle« (geschulter Laie) bis hin zu wissenschaftlich akzeptierten Beschreibungen (Experte). Einerseits ergibt sich aus diesem Befund die Notwendigkeit einer Standardisierung von Beobachtung und Darstellung, andererseits bleibt allerdings trotz aller Bemühungen um Normierung das Faktum der Unmöglichkeit einer vollkommenen begrifflichen Verständigung über das Beobachtete selbst unter Experten.

Ist nun aus dieser psychologisch und soziologisch bedingten »subjektiven« Qualität von Beobachtung und Darstellung der Schluss zu ziehen, es gebe gar kein legitimes Protokoll einer biowissenschaftlichen Beobachtung? Zunächst macht Fleck deutlich, dass der Ausweg einer unabhängigen Kritik des Beobachtungsvorgangs verstellt ist. Eine solche Kritik aus der Metaperspektive würde stets eine Klarheit über den Mechanismus und die Bedingungen der Beobachtung voraussetzen. Diese existiert jedoch zumindest auf der konkreten Ebene nicht. Der »Denkstil« des »Denkkollektivs«, der die Auswahlprozesse im Beobachtungsvorgang leitet, ist vielmehr zum großen Teil unbewusst, entspringt einer »Denkstimmung« und speziellen »Denkgewohnheiten«. Auch der Wechsel der Perspektive von der Fachwissenschaft Biologie zur Wissenschaftstheorie bietet hier keine Lösung. Dies gilt zumindest dann, wenn man ihn als Wechsel von den *psychologischen* Bedingungen biologischer Beobachtung zu den *logischen oder geltungstheoretischen* Bedingungen biologischer Erkenntnis missversteht. Gegen die kontextfreie Erörterung der Geltung spricht für Fleck die Tatsache, dass auch die Frage nach Rechtfertigung »Stilmerkmale« enthält. Sie ist ebenfalls durch die Forschungsprogramme geprägt, in deren Rahmen sie formuliert wird.

Flecks Metaperspektive ist deshalb nicht die einer Logik der Forschung, sondern stellt sich als *kontextualistische Analyse* dar. Statt auf die positivistische Forderung nach idealer, formal-logischer Untersuchung setzt er auf den Nachvollzug der real-historischen Entwicklung der Rechtfertigungsmuster. Am Fallbeispiel der bakteriologischen Diagnostik von Diphtherieerregern demonstriert er die soziologischen Bedingungen biowissenschaftlichen Beobachtens. Die stilbedingte Konstituierung ist jedoch nicht auf den technischen Kontext des Labors und die vermittelte Beobachtung im Mikroskop beschränkt. Fleck kann seine Theorie auch auf die Befunde des »einfachen Schauens« in der traditionellen Anatomie anwenden.

Welche grundsätzlichen Konsequenzen lassen sich aus Flecks Analyse der biologischen Beobachtung ableiten? Erstens wird deutlich, dass die Biophilosophie nicht von einem idealen, gottähnlichen Beobachter ausgehen darf, sondern sich auf reale Forscher in konkreten Forschungskontexten konzentrieren muss. Zweitens werden dabei die Beobachtungskonzepte in unterschiedlichen diachronen oder synchronen Forschungsprogrammen und Subdisziplinen der Biologie bedeutsam. Drittens wird der konstruktive, aktiv gestaltende Charakter der biologischen Beobachtung deutlich. Viertens erweist sich die Einbeziehung der Beobachtungsinstrumente und der praktisch-technischen Vollzüge für die Bestimmung des methodologischen Status der Beobachtung als notwendig. Fünftens wird erkennbar, dass Beobachtung, Darstellung und Legitimation des Beobachteten in der Biologie stets abhängig sind von Wissenschaftsidealen und umgekehrt selbst Wissenschaftsideale prägen. Es ist in diesem Zusammenhang von Bedeutung, in welcher Weise Forschungsfragen und Objektfelder einzelner biologischer Disziplinen spezifische Formen der Beobachtung nahelegen, die dann je unterschiedliche Wissenschaftsideale hervorbringen. Darüber hinaus wird sechstens deutlich, dass zwischen der instrumentell vermittelten und der »einfachen« Beobachtung unterschieden werden kann. Die aufgezeigten Rahmenbedingungen gelten jedoch für beide Kontexte.

Beobachtungsbedingungen

Angesichts der Überlegungen des zweiten Kapitels repräsentiert die in Flecks Analysen deutlich werdende konstruktive Seite des biologischen Beobachtungsvorgangs nun allerdings nur *einen* Aspekt des Verhältnisses zwischen Forscher und Forschungsobjekt. Gerade wenn sich auch Beobachtung als Praxis erweist, sie eine Handlung in und mit der Welt ist, dann werden die Bedingungen des Handlungskontextes sich auch in der Art erfolgreicher Handlungen nachweisen lassen. In einem koevolutiven Prozess der gegenseitigen Anpassung werden sie sich in das Verfahren der Beobachtung »einprägen«. Dieses spezielle Verhältnis lässt sich in Analogie zu den Überlegungen des französischen Phänomenologen Maurice Merleau-Ponty (1908-1961) interpretieren. Wie dieser mit seinem Konzept des »Chiasmus« eine Verflechtung von subjektiver Konstruktion und objektivem Gegebensein konstatiert (Merleau-Ponty 2004, 172 ff.), indem er die leiblich-lebensweltlichen Akte als verflochten mit und in der Welt erkennt, so lassen sich auch instrumentelle Akte im biologischen Labor als Verflechtung mit der Natur deuten. Insbesondere ist hier der Gedanke weiterführend, dass sich diese Verflechtung nicht auf Akte des Berührens und Manipulierens beschränkt, sondern auch Akte des scheinbar passiven Sehens umfasst. Wie nach Merleau-Ponty in der Lebenswelt Sehen und Berühren untereinander und mit der Welt verflochten sind, so im Labor das »armierte« Sehen mittels des Mikroskops mit dem instrumentellen Berühren und Manipulieren im Experiment und beide ihrerseits mit dem zu untersuchenden biologischen »Objekt«.

Rufen wir deshalb nochmals die Bedingungen des Objektfelds in Erinnerung, wie sie sich aus der Perspektive der Evolutionstheorie darstellen. Ein Resultat der Evolution ist es, dass biologische Bildungen in extrem vielfältigen Gestalten auftreten, die stets eine gewisse Ordnung und Symmetrie besitzen. Als eines der zentralen Ziele der Biologie ergibt sich daraus die Ermittlung von Gesetzmäßigkeiten der biologischen Vielfalt. Zudem sind alle biologischen Ordnungszustände aus energetischen und entropischen Gründen einem steten Wandel unterworfen. Keiner von ihnen ist von Dauer. Biologische Systeme sind dynamisch, plastisch und flexibel. Nach dem Verständnis der Evolutionsbiologie liegt zudem ein komplexes Zusammenwirken von Zufall und Notwendigkeit vor – etwa im Vererbungsgeschehen. Dieses ist sowohl für die Konstanz der vererbten Muster als auch für deren Variation verantwortlich. Der Biologe Peter Sitte (Sitte in Sitte 1999, 407 ff.) hat diese Grundbedingungen der Evolution zum Phänomen der Schönheit in Beziehung gesetzt und verweist auf eine grundsätzliche ästhetische Qualität biologischer Bildungen.

Die Auswirkungen dieser Bedingungen auf die Methodik der Biologie sind vielfältig. Grundsätzlich führen sie jedoch dazu, dass die Beobachtung und die Wiedergabe des Beobachteten in der Biologie eine ausgezeichnete Rolle spielen. Abbildungen etwa – Zeichnungen, Skizzen oder Fotografien des Beobachteten – haben von jeher eine wichtige Rolle im Methodenkanon der Biologie gespielt. Die Nähe der Biologie zur Kunst wird in vielen biologischen und medizinischen Klassikern deutlich, wofür die Werke von Leonardo da Vinci (1452-1519), Andreas Vesalius (1514-1564) oder Maria Sybilla Merian (1647-1717) nur einige Beispiele sind (Kemp 2003). Die künstlerische Überformung kann zudem nicht einfach als eine deskriptive Vorform der Wissenschaft abgetan werden. Agnes Arber hat deshalb in *Sehen und Denken in der biologischen Forschung* (1960, 105 ff.) das künstlerische Motto »Zeichnen lernen, ist sehen lernen« zum Leitmotiv der Verbindung von Beobachtung und Darstellung in den morphologischen Subdisziplinen der Biologie erhoben. Für sie bietet die künstlerische Praxis ein Mittel, Sinnesdaten in Denken zu übersetzen, ohne sie den Beschränkungen einer inadäquaten Verbalisierung zu unterwerfen. Diese Auffassung bestätigt sich auch im Selbstverständnis der Forscher. Nach den Überlegungen des Histologen und Hirnforschers Santiago Ramón y Cajal (1852-1934) in seinen *Regeln und Ratschlägen zur wissenschaftlichen Forschung* (Cajal 1964, 101 ff.) geht es dem Morphologen bei aller Ausrichtung auf Objektivität, Exaktheit und Analytik immer auch darum, solche Verfahren zu finden, die »die genauesten, klarsten und differenziertesten Bilder« des Forschungsgegenstands liefern. Sowohl um der Wiederholbarkeit willen als auch zur Vermeidung des trügerischen Scheins und zur Schulung der Aufmerksamkeit setzt Ramón y Cajal auf die Zeichnung.

Der Anfangspunkt der biologischen Forschung ist deshalb – und das gilt noch für die auf Kultivierung, Aufzucht und Hege angewiesene Laborforschung – immer das aristotelische »für uns Erste«; es sind die einzelnen beobachteten biologischen Systeme oder Strukturen und nicht bestimmte theoretische Einheiten, die die grundlegende biologische Forschungssituation bestimmen. Zugleich stellt die Beobachtung des individuellen Geschehens bereits einen Akt der Abstraktion dar und ist von theoretischen Vorüberlegungen begleitet. Übereinstimmend mit der Theorie Flecks muss man beispielsweise bei der Beobachtung von tierischem Verhalten berücksichtigen, dass sich der wissenschaftliche Beobachter erstens nicht für einzigartige Vorgänge interessiert, sondern für solche, die mit einer angemessenen Genauigkeit wiederkehren (Hinde 1973, I, 19ff.). Zweitens muss er sich wegen der vielen simultanen Aktivitäten der von ihm beobachteten Lebewesen auf einige Verhaltensabläufe konzentrieren, andere vernachlässigen und deren Wechselwirkung zunächst ignorieren. Drittens ist seine Untersuchung stets auf eine endliche Zeitspanne beschränkt. Sowohl für die Beobachtung als auch für alle folgenden Schritte der Abstraktion, Modellierung und Theoretisierung gilt dann viertens, dass das jeweilige Niveau der Analyse und der Generalisation der Fragestellung angemessen sein muss.

Bildhafte Darstellung

Um die verschiedenen Möglichkeiten der Darstellung des Beobachteten zu erfassen, bietet es sich an, mit historischen Fallbeispielen fortzufahren. Bei diesem Vorgehen werden auch die disziplinären Rahmenbedingungen der Beobachtung deutlich. Ein erstes Beispiel stammt aus der vergleichenden Morphologie. Der Morphologe Ernst Haeckel (1834-1919), der außerhalb der Fachwissenschaft durch seine monistische Weltanschauung bekannt wurde, kann als einer der Hauptvertreter des frühen Darwinismus und als großer Popularisator der Evolutionstheorie gelten. Fachwissenschaftlich ist er vor allem durch seine Monografien über die Radiolarien (1862; Haeckel 2005) und das *System der Medusen* (1879f.; Haeckel 1986) hervorgetreten. Öffentlichkeitswirksam hat er biologische Befunde in Szene gesetzt. Dabei spürt er – vor allem in den *Kunstformen der Natur* (1899; Haeckel 1998) – auch der Verbindung von künstlerischen und wissenschaftlichen Motiven nach.

Fachwissenschaftliche und öffentliche Bewunderung erregten vor allem die Ergebnisse von Haeckels mikroskopischer und

»freier« Beobachtung, die er in vielen künstlerischen Darstellungen präsentierte. Schon auf den ersten Blick wird die besondere Schönheit und ästhetische Qualität dieser Abbildungen deutlich. Was Haeckel als Ausdruck der biologischen Natur »so wie sie ist« verstand, erweist sich jedoch schnell als das Resultat eines mehrstufigen Bearbeitungs- und Konstruktionsprozesses. Die Darstellung ist damit nicht nur Wiedergabe des Beobachteten im Bild, sondern immer auch eine Inszenierung mittels des Bilds. Die Forschungen und Analysen von Olaf Breidbach (2002) haben deutlich gemacht, dass sich etwa zwischen den Originalzeichnungen Haeckels und den veröffentlichten Abbildungen ein vielschichtiger Transformationsprozess erstreckt. Die nichtfarbigen originalen Bleistiftzeichnungen Haeckels wurden dabei mehrfach überarbeitet (Breidbach 1998). Zudem gibt es Kontexte, in denen die wissenschaftliche Aufgabenstellung der Bilder im Vordergrund steht, und solche, die primär künstlerischen Motiven folgen. Aus originalen Bleistiftzeichnungen Haeckels wurden einfarbige Kupfertafeln für den wissenschaftlichen Tafelband des *Systems der Medusen* erstellt. Diese wurden später für den neuen Kontext der *Kunstformen der Natur* nochmals überarbeitet. Art und Arrangement der Abbildungen sind so nicht nur das Resultat einer künstlerisch-wissenschaftlichen Leistung, die bereits bei der Herstellung der Originalzeichnung einsetzt. Die Überarbeitung ist zudem auf den jeweiligen Verwendungskontext abgestimmt. Dass eine grafische Konstruktion schon in Haeckels Originalzeichnungen vorliegt, wird einsichtig, wenn man den manipulativen Aufwand berücksichtigt, der notwendig ist, um die gallertartige Masse einer abgetöteten Qualle (Meduse) in Form einer Zeichnung zu »verfestigen«. Nicht alle wahrgenommenen Details werden in diese Abbildung aufgenommen. Manches wird geschönt und begradigt.

Analoges gilt für heutige biologische Abbildungen. Diese sind ebenfalls das Resultat komplexer Bearbeitungsverfahren. Auch sie finden entweder im Kontext reiner Fachjournale oder aber im populärwissenschaftlichen Zusammenhang Verwendung. Berücksichtigt man die Gestaltungsmöglichkeiten der modernen Datenverarbeitung oder die ästhetische Qualität vieler Computerbilder, dann wird die Beziehung zu Haeckels Abbildungen deutlich. Wieder ist die Rhetorik der Objektivität und der Stilunabhängigkeit häufig nur ein Gestus (vgl. Fleck 1980, 187 ff.). Die Resultate der bildlichen Präsentation in Form von Computerbildern verbleiben im Rahmen bewährter ästhetischer Konventionen und Sehgewohnheiten (Majetschak 2005, 114), und insofern haben wir es mit wissenschaftlichen »Kunstformen« zu tun (Feyerabend 1984, 44).

Kehren wir zu Haeckel zurück: Während dieser im wissenschaftlichen Kontext größeren Wert auf die Detailtreue von biologisch relevanten Einzelbildungen legt und Übersichtszeichnungen mit schematischen Darstellungen von wichtigen morphologischen Teilstrukturen kombiniert, überwiegt in den primär künstlerisch ausgerichteten *Kunstformen der Natur* das ästhetische Motiv. Die Untersuchungen von Olaf Breidbach machen allerdings deutlich, dass die strikte Trennung von naturwissenschaftlichem und künstlerischem Kontext hier zu kurz greift. Erstens sind Stilisierung und Konstruktion in beiden Kontexten unverkennbar. Trotz der offensichtlichen Stilelemente seiner Darstellung erhebt Haeckel jedoch immer den Anspruch auf »objektive Wahrheit« seiner »naturgetreuen Abbildungen« (Haeckel 1913, 13 f.). Dass es sich hierbei nicht nur um eine Behauptung handelt, konnte an den noch erhaltenen Originalpräparaten bestätigt werden. Haeckels Ausführungen zeigen jedoch mehr. Für ihn sind Mikroskop und mikroskopische Abbildung in der Lage, alle Formverhältnisse möglichst klar und scharf darzustellen. Dabei ist es gerade die technisch-instrumentell vermittelte »Konstruktion«, die dieses garantiert. Es sei die Drehung an der Mikrometerschraube des Mikroskops, die es erlaube, alle Teile des Körpers genau zu beobachten und dadurch ein »plastisches Bild der Wirklichkeit« zu gewinnen. Wie die Untersuchungen von Bernd Lötsch (Lötsch in Welträtsel 1998, 339 ff.) am Beispiel von Haeckels Zeichnungen der Radiolarien (Haeckel 2005) zeigen, sind Mikroskop und Zeichnung die geeigneten Mittel zur Lösung von Problemen der Raumkonstruktion von kleinen biologischen Objekten. Der Blick durch das Mikroskop zeigt dem Forscher keinesfalls Phänomene, die dem entsprechen, was Haeckel in seinen Zeichnungen wiedergibt. Vielmehr ist das jeweils durch das Mikroskop zu beobachtende Phänomen (da es sich um eine dreidimensionale Mikrostruktur handelt) von der Einstellung der Schärfentiefe abhängig. Die Ansichten ein und desselben Radiolars können dabei je nach Fokussierung stark voneinander abweichen. Für den Betrachter entstehen je unterschiedliche geometrische Muster. Haeckels Zeichnungen sind deshalb Versuche, die wahrgenommene dreidimensionale Raumstruktur aus Einzelbeobachtungen zu rekonstruieren und sie im Medium der zweidimensionalen Zeichnung möglichst adäquat zu fixieren.

Eine klare Trennung von wissenschaftlichen und künstlerischen Aspekten ist jedoch bei Haeckel nicht nur aus methodisch-praktischen, sondern auch aus theoretischen Gründen verfehlt. Selbst die auf ästhetische Effekte hin angelegten Abbildungen der *Kunstformen der Natur* erfüllen eine wichtige innerwissenschaftliche Funktion. Sie dienen Haeckel als Nachweis der Symmetrie biologischer Bildungen und fungieren so in einer speziellen Weise als Belege für die Evolutionstheorie. Damit erfüllt die Zeichnung bei Haeckel mehrere methodologische Funktionen. Sie ist erstens ein Mittel, um eine Objektqualität zum

Ausdruck zu bringen (dessen dreidimensionale Struktur), die in der mikroskopischen Beobachtung erfasst wird, sich ohne künstlerisch-gestalterische Eingriffe jedoch nicht wiedergeben lässt. Sie ist zweitens Ausdruck der ästhetischen Qualität biologischer Bildungen und zeigt deren Ordnung und Symmetrie. Sie ist drittens Beleg der Beobachtung und Nachweis der Naturtreue und Objektivität. Sie ist viertens Mittel der intersubjektiven Verständigung über das Beobachtete. Und sie ist fünftens Beleg für ein Theoriekonzept. Auch Haeckel erklärt die Ordnung biologischer Bildungen zu einem Ergebnis der Evolution. Die nonverbale Mitteilung dieses Faktums im Bild erfolgt über die Symmetrie der Einzelbildungen oder die Hervorhebung von Gemeinsamkeiten, womit die Idee des Formtypus für Haeckel »sinnfällig« wird (Breidbach 1998, 12). So erfüllen auch die *Kunstformen der Natur* Erklärungsfunktionen, wobei es sich nicht um eine Erklärung im Modus einer kausalen Wenn-dann-Relation handelt, sondern der typisch evolutionsbiologische Erklärungskontext (Mayr 2002, 25 ff.) einer beobachtend-vergleichenden Methode vorliegt.

Mechanische Darstellung

Mittels einiger weiterer Beispiele aus der Biologiegeschichte lässt sich der hier angedeutete Zusammenhang zwischen biologischem Faktenwissen und philosophischen Leitbildern noch umfassender bestimmen. In einer Studie sind Lorraine Daston und Peter Galison (2002) diesen Beziehungen am Beispiel der biologischen und medizinischen Atlanten nachgegangen. Sie konstatieren eine Spannung, die sich schon am Beispiel Haeckels zeigte: Auf der einen Seite steht der biowissenschaftliche Anspruch auf Realismus. Die Dinge sollen so wiedergegeben werden, wie sie von Natur aus sind. Auf der anderen Seite steht die unabdingbare Irritation dieses Anspruchs durch die konstruktiven Momente des wissenschaftlichen Zugangs. Gerade das auf Eingriff setzende Selbstverständnis der Naturwissenschaften bestätigt die gestalterischen Mechanismen auf psychologischer, technischer und theoretischer Ebene. Diese betreffen sowohl die Aufnahme als auch die Wiedergabe von Befunden. Genauer betrachtet wird aber noch eine zweite überlagernde Spannung deutlich. Sowohl die philosophische als auch die fachwissenschaftliche Bewertung von Beobachtungs- und Darstellungsverfahren sind durch Vorstellungen darüber beeinflusst, was wissenschaftliche Erkenntnis überhaupt ist. Für die Ausformung der biologischen Methodologie ist eine Vorstellung von Wissenschaftlichkeit bedeutsam, die mit dem rationalistischen Modell der Trennung von sinnlicher Einbildungskraft und beurteilendem Denken verbunden ist. Lorraine Daston (2003) konnte zeigen, dass die Angst vor den subjektivistischen Folgen der Einbildungskraft in den Naturwissenschaften im 19. Jahrhundert kulminierte. In genau diesen Zeitraum fällt auch die Genese der modernen Biologie durch die Konzepte der analytischen Schule der Biowissenschaften.

Die Ablehnung der Einbildungskraft und die Formierung des heutigen Wissenschaftsideals der Biologie fallen also zusammen. Darüber hinaus wechselte zu dieser Zeit die Leitdisziplin innerhalb der Biologie. So waren es vor allem Physiologen, die in Abgrenzung von der Morphologie das neue Bild einer an Physik und Chemie orientierten experimentellen Biologie prägten. Auch für die Beobachtung und die Darstellung des Beobachteten bedeutete dies eine Favorisierung neuer Verfahren und Ideale. Mit der Kritik an der Einbildungskraft ging ein Modell von Objektivität einher, das nach Daston Wissenschaftlichkeit mit Mitteilbarkeit und Kommensurabilität identifiziert. Wissenschaftliche Legitimität erhalten deshalb Beobachtung und Darstellung nur dann, wenn sie intersubjektiv kritisierbare, vernünftig begründete Erkenntnis repräsentieren. Befunde, die nur für ein einziges Individuum gelten, sind unwissenschaftlich und können Allgemeinheit nur im Verfahren der Überredung erlangen. Ein zweiter wichtiger Aspekt der Ausgrenzung der Einbildungskraft aus der wissenschaftlichen Biologie ist die Einführung einer neuen »mechanischen« Form der Objektivität. Daston versteht darunter Verfahren, die ersonnen werden, um »subjektive« Eingriffe des Menschen in die Aufnahme und Darstellung von Phänomenen auszuschließen. Genauer betrachtet sind schon biomedizinische Atlanten methodische Mittel, »um die Natur zu einem sicheren Gegenstand der Wissenschaft zu machen und die rohe Erfahrung – die zufällige und kontingente Erfahrung spezifischer Einzelobjekte – durch gefilterte Erfahrung zu ersetzen« (Daston, Galison 2002, 36). Insofern bringen die kanonisierten Darstellungen der Anatomie eine gereinigte Form der Erfahrung von biologischen Phänomenen zum Ausdruck. Sie sind maßgebliche Instrumente der Standardisierung und der Tradierung von Seh- und Darstellungsgewohnheiten. Allerdings ist die Vorgabe der Herstellung typischer, standardisierter oder idealer Bilder in der morphologischen Forschung mit einer Reihe von Umsetzungsfragen konfrontiert. Um visuelle Genauigkeit und »Objektivität« bemüht, führt sie eine Fülle technischer Hilfsmittel ein, die das Sehen und Darstellen in die Bahnen der biomedizinischen Aufgabe leiten sollen. In der Folge werden Versuche unternommen, den menschlichen Beobachter und dessen Urteilsvermögen ganz durch Techniken der Datenreduktion, durch Geräte und Aufzeichnungsfunktionen zu ersetzen.

Betrachtet man die verschiedenen Darstellungsweisen in der Biologie des 19. Jahrhunderts, dann ist beispielsweise ein Trend zu erkennen, handgezeichnete Illustrationen durch Fotografien zu ersetzen. Diese gelten als mechanische und »objektive« Formen der Aufzeichnung. Somit sind fotografische Darstellungen – ebenso wie Röntgenbilder, Lithografien, Lichtdrucke, Bilder der Camera obscura und Durchpausungen auf Glasflächen oder andere Verfahren – Elemente des Kampfes um die Eliminierung der »subjektiven« Intervention zwischen Objekt und Abbildung (ebd., 57). Diese Entwicklung stellt ein zentrales Moment in der Genese der heutigen Biologie dar. Das wird deutlich, wenn man die Abgrenzung der analytischen Schule der Biowissenschaften von ihren romantischen Vorläufern in Biologie und Naturphilosophie betrachtet (Köchy 2005, 228 ff.). Auch zeigt sich, wie sehr der Disput um verschiedene Formen wissenschaftlicher Beobachtung und Darstellung auch ein Disput um verschiedene Wissenschaftsbilder und Philosophien ist. Obwohl die neue Biologie glaubt, sie sei im Gegensatz zu ihren spekulativen Vorläufern durch eine streng empirische und philosophiefreie Konzeption gekennzeichnet (Schleiden 1988), ist doch der philosophische Charakter der gesamten Auseinandersetzung unverkennbar (Schlüter 1985). In diesen frühen Methodendebatten geht es einerseits um die Rolle der Darstellung und Beobachtung im Allgemeinen (Querner in Jahn 2000, 420 ff.) und etwa um die Frage nach dem Verhältnis von Kunst und Biologie. Es geht jedoch zweitens auch um die adäquate Form der Wiedergabe des Beobachteten, um die richtigen Darstellungstechniken. Und hier stehen sich über die Zeit hinweg zwei biologische Forschungsprogramme gegenüber.

Das erste (romantische) Forschungsprogramm ist auf eine enge Verbindung zwischen künstlerischen und naturwissenschaftlichen Momenten hin angelegt. Dies zeigt schon das an Goethe anschließende Verständnis von Morphologie, das diese Epoche prägt. Unter »Morphologie« versteht Goethe eine Gestalt- und Verwandlungslehre, die von der Bildung und Umbildung biologischer Phänomene handelt. Es geht ihr darum, die in der Umgestaltung und Genese individueller Lebewesen zum Ausdruck kommenden Gesetzmäßigkeiten jeweils als Typus zu erfassen. Dabei setzt Goethe auf die Fusion von künstlerischen und wissenschaftlichen Mitteln. Ausdruck für den wissenschaftlichen Status seiner anatomischen Bilder, für deren Objektivität und Erklärungsfunktion, ist eben die Ausrichtung auf »typische« Phänomene. Goethes Beispiel zeigt auch, dass weitere Abstraktionsniveaus zum Einsatz kommen müssen. So fordert Goethe Schemata und Tabellen, wenn es darum geht, das Wesentliche und Typische im Gestaltwandel und in der Mannigfaltigkeit der organischen Bildungen aufzufinden. Die vergleichende Anatomie muss deshalb letztlich bis zu »allgemeinen Bildern« oder begrifflichen Modellen aufsteigen (vgl. Kap. 4).

Diese Bedeutung bildhafter Darstellung für die Morphologie und die Erfassung der komplexen Organisation von lebenden Systemen (Duncker in Maier, Zoglauer 1994) ist keinesfalls das Kennzeichen einer heute überwundenen Biologie. Der Einsatz bildhafter Darstellung stellt vielmehr auch unter den Bedingungen eines evolutionären Verständnisses von Funktionsmorphologie eine wichtige Methodenforderung dar. Da auch die Funktionsmorphologie mit der Komplexität von Organismen konfrontiert ist, bemüht sie sich um eine möglichst »holistische« Wiedergabe der biologischen Bedingungen. Die Schwierigkeiten eines solchen Programms ergeben sich allerdings aus der Berücksichtigung der Entwicklungsdimensionen, ohne die Lebewesen nicht verständlich werden. Hierzu zählen sowohl die Wandlungsprozesse der Embryonal- und Individualentwicklung als auch die historische Langzeitdimension der Stammesgeschichte.

Auch das analytische Gegenprogramm zur Romantik ist nicht nur durch seine methodologische Ausrichtung auf Mathematik, Experiment und chemische Analyse bestimmt. Zwar ist es von einer tiefgreifenden Skepsis gegenüber dem auf die Kunst abgestimmten Verständnis von Biologie geprägt, jedoch hebt Emil Du Bois-Reymond (1818-1892) in seiner Rede *Naturwissenschaft und bildende Kunst* (1890) einen anderen grundlegenden Wechsel, von der Darstellung zum Eingriff, hervor. Man müsse »als Experimentator oder Beobachter selber Hand ans Werk« (Du Bois-Reymond 1912, II, 392) legen, um die Natur wissenschaftlich zu erfassen. Der romantische Ansatz gehe darin fehl, dass er »sich damit begnügt, bei schön abgerundeten Bildern stehen zu bleiben, und nicht weiter zum ursächlichen Zusammenhange des Geschehens« (ebd., 421) vordringe. Auf den ersten Blick scheint damit der Anspruch erhoben, die neue Biologie könne als erklärende Wissenschaft ganz auf beschreibende Verfahren verzichten. Dies ist jedoch nicht der Fall. Genauer betrachtet ändern sich lediglich die Vorstellungen über angemessene Darstellungs*mittel* und Darstellungs*typen*. Du Bois-Reymond setzt etwa auf das wissenschaftliche Entwicklungspotenzial der Fotografie (ebd., 404 ff.). Im Umfeld der neuen Physiologie erlangt darüber hinaus eine spezifische Art der dynamischen Erfassung von Lebensfunktionen eine zentrale methodologische Funktion. Es ist die »Methode der Kurven« (de Chadarevian in Hagner 2001), eine neue Darstellungstechnik, die mit Carl Ludwigs Wellenschreiber Furore machte. Dieses neue Aufzeichnungsgerät der Physiologie diente dazu, die Ergebnisse eines experimentellen Eingriffs automatisch zu registrieren und in Form einer dynamischen Aufzeichnung festzuhalten. Die Kurve als neue Repräsentationsform breitet sich im 19. Jahrhundert explosionsartig aus (Hess in Gugerli, Orland 2002, 159 ff.). Ihr Vorteil besteht in der Möglichkeit der mathematisierbaren und quantifizierbaren Abstraktion von Befunden und der Fähigkeit, die Dynamik des biologischen Geschehens wiedergeben zu können. Sie stellt eine technisch umsetzbare Aufzeichnungsform dar, die im Dienst von

Abstraktion und Standardisierung die grafische und mathematische Interpolation individueller und variabler Daten erlaubt. Diese Registrier- und Darstellungsinstrumentarien sind Elemente eines neuen Forschungsprogramms, das sich zunehmend über die eingesetzten Apparate und Maschinen definiert. Auch die in diesem Zusammenhang entstehenden automatisierten Laboratorien bilden dann lediglich institutionelle Substrukturen eines zunehmend durch die Automatisierung bestimmten urbanen Lebens (Dierig 2006).

Betrachtet man den heutigen Stand der automatisierten Forschung, dann zeigen sich trotz eines hohen Grades an Technisierung die Bedingungen des biologischen Gegenstandsbereichs noch immer deutlich (Hagner 2006). So kommt man angesichts der evolutionären Komplexität organischen Geschehens auch in der aktuellen Physiologie nicht ohne das Mittel bildhafter Darstellung aus. Die jüngsten Entwicklungen in der kognitiven Neurobiologie sind ohne die technischen Innovationen der »bildgebenden Verfahren« (*neuroimaging*) nicht vorstellbar. Während das Darstellungsmittel »Bild« seine methodische Relevanz behält, wandeln sich allerdings die Bedingungen der technischen Genese der »Bilder« vollkommen. Die neuen Abbildungen der Hirnaktivität sind das Ergebnis einer komplexen rechnergestützten Datentransformation. Mittels nichtinvasiver Verfahren ermittelt man in vivo Informationen über die Summenaktivität großer Neuronenpopulationen (zu den Details vgl. Weiller, Elbert 1997; Walter 1997; Münte, Heinze 2001; Hüsing et. al. 2006). Dabei wird ein komplexes neurophysiologisches oder stoffwechselphysiologisches Geschehen wiedergegeben. Zudem werden die Daten nur unter beträchtlichem apparativen Aufwand gewonnen und durchlaufen einige mathematische Überarbeitungsschritte. Sie sind weiterhin häufig das Ergebnis eines gezielten Eingriffs (funktionelle Bildgebung). Ein »Bild« resultiert in diesem Fall daraus, dass Stromdichtekurven oder magnetische Dipole vorgegebenen anatomischen Abbildungen zugeordnet werden (Weiller, Elbert 1997, 34). Auch bei diesem rechnergestützten Datentransfer in ein Computerbild bleiben wissenschaftliche und ästhetische Bedingungen der Bildkonstitution eng miteinander verwoben (Breidbach 2005b).

Bestimmte Aspekte der biologischen Rahmenbedingungen sind erneut in das wissenschaftliche Darstellungsverfahren »eingeprägt«. So gehört als Resultat der Evolution eine hochgradige Individualität und Variabilität der anatomischen und physiologischen Bedingungen zu den biologischen Voraussetzungen des Verfahrens. Gerade bei den zur Untersuchung stehenden kognitiven Verhaltenskomplexen wirkt sich diese Variabilität aus. Für die Erhebung und Darstellung der Daten wird jedoch unterstellt, »dass individuelle Variationen nicht ins Gewicht fallen« (Walter 1997, 204). Im Verfahren eines kombinierten räumlich-zeitlichen Imagings wird diese Variabilität deshalb zunächst außer Acht gelassen. Um aussagekräftige Signal-Rausch-Verhältnisse bei PET-Aktivierungsstudien zu erhalten, arbeitet man mit der statistischen Mittelung von Ergebnissen (*averaging*), die durch die Untersuchung größerer Probandengruppen gewonnen werden. Dieses Vorgehen dient dazu, rechnerisch Störungen aus dem Ergebnis zu entfernen, die etwa durch die Bewegungen des Gehirns innerhalb der Schädelkalotte entstanden sind. Um die so gewonnenen Daten dann möglichst anschaulich bestimmten anatomischen Strukturen zuordnen zu können, greift man auf das Rechnermodell eines Standard- oder Referenzhirns zurück. Die Daten werden dazu mittels Algorithmen mit anatomischen Referenzbildern verbunden. Die evolutionär bedingten interindividuellen Unterschiede in der kortikalen Anatomie setzen jedoch dieser Standardisierung eine Grenze, so dass auf die Arbeit mit heterogenen Kollektiven zunehmend verzichtet und mit Datensätzen einzelner Probanden gearbeitet wird (Münte, Heinze 2001, 305).

Abstrakte Darstellung

Die bisherigen Beispiele zeigten, dass sowohl die Beobachtungs- als auch die Darstellungskontexte in der Biologie wechseln. Dieser Wechsel kann historisch bedingt sein und eine Verlagerung im Wissenschaftsverständnis anzeigen. Er kann aber auch durch neue Forschungsfragen und Forschungsobjekte ausgelöst werden. Zwischen beiden Möglichkeiten gibt es mannigfaltige Verbindungen, wie es zumal das erwähnte Beispiel des Disputs zwischen Morphologen und Physiologen in der Biologie des 19. Jahrhundert zeigt. Die bisherigen Beispiele zeigen auch, wie sehr die Frage nach der Funktion der Beobachtung und Darstellung das Methodenverständnis der Biologie prägt. Weiterhin wird deutlich, dass nicht nur zwischen Beobachtungskontexten zu differenzieren ist, sondern auch zwischen verschiedenen Formen der Beobachtung und Darstellung. Sowohl Goethes Überlegungen zum Einsatz von Tabellen und Skizzen als auch die im Kontext des analytischen Programms verwendeten Kurve oder die bildgebenden Verfahren verweisen schließlich auf Abstraktionsmodi der Darstellung, bei denen der Bezug zur Beobachtung immer indirekter wird und über eine ganze Reihe von Formalisierungsschritten vermittelt ist.

Die Wichtigkeit von Tabellen, Systematiken und anderen Ordnungsverfahren unterstreicht für die Biologie schon Jean-Baptiste de Lamarck (1744-1829) in seiner *Zoologischen Philosophie* (1809). Angesichts der Vielfältigkeit der natürlichen Objekte – insbesondere im Tier- und Pflanzenreich – werden für ihn verschiedene künstliche Hilfsmittel notwendig, um diese Mannigfaltigkeit »zu ordnen, einzuteilen und um uns in Stand zu setzen, die verschiedenen beobachteten Naturerzeugnisse zu studieren, zu vergleichen, zu erkennen und zu zitieren« (Lamarck 2002, 65 f.). Zu den im Dienste der intersubjektiven Vermittlung wichtigsten Verfahren zählt Lamarck die systematische Klassifikation der Lebewesen sowie die wissenschaftliche Nomenklatur. Dieses Beispiel demonstriert sehr schön, wie die Darstellung des Beobachteten im Zuge der Formalisierung in die begriffliche Arbeit der Theorie überführt wird (vgl. Kap. 6). Für Lamarck sind die Verfahren der Klassifikation und Formalisierung auch deshalb notwendig, weil die Komplexität und Vielheit der biologischen Bildungen die beschränkten Fähigkeiten unserer Sinne übersteigen.

Die Vielfalt der methodologischen Funktionen und grafischen Umsetzungsmodi der Darstellungsformen in der Biologie zeigt auch unser letztes Beispiel aus der Geschichte der Biologie. Mit ihm knüpfen wir an die einleitenden Überlegungen zur Evolutionstheorie an. Vor kurzem hat der Kunsthistoriker Horst Bredekamp (2005) den Versuch unternommen, den Konzepten und Gedanken Charles Darwins (1809-1882) mittels einer kunsthistorischen Analyse von dessen Skizzenbüchern nachzugehen. Damit wird eine Ebene der biowissenschaftlichen Methodologie thematisiert, die für die moderne Kultur des molekularbiologischen Labors etwa Karin Knorr Cetina (2002, 132 ff.) beschrieben hat. Zu den die Laborforschung bestimmenden epistemischen Strategien rechnet sie eine ganze Reihe von Techniken und Verfahren, die explizit auf Anschaulichkeit und visuelle Darstellung gerichtet sind. Vorrangig sind hier die Laborprotokolle zu nennen – handschriftliche Fixierungen des objektorientierten Prozesses der technischen Manipulation von biologischen Objekten im Labor, häufig kombiniert mit Skizzen, Schemata und Zeichnungen. Indem sie sich Darwins Forschung zuwendet, ist Bredekamps Analyse einer älteren Organisationsform der biologischen

Forschung gewidmet. Hier erfolgt Forschung in Kombination von im Zuge von Entdeckungsreisen gemachten Datensammlungen (Darwins Reise auf der H.M.S. Beagle) mit einer nachfolgenden theoretischen Aufarbeitung der Befunde im privaten Arbeitszimmer. Darwins Sammlungen und Tagebücher von der Reise sowie die Notizbücher (vgl. Engels 2007, 52 ff.; Voss 2007, 99 f.) bilden den Untersuchungsgegenstand Bredekamps. Das Ziel seiner Studie ist es, die Entwicklung von Darwins Ideen zu rekonstruieren und dabei vor allem den in Skizzen und Schemazeichnungen geronnenen Gedanken auf die Spur zu kommen. Dabei erlangen skizzenhafte Modelldiagramme eine besondere Bedeutung, die ausgehend von Bleistiftzeichnungen am Rande von Notizbüchern in fortschreitender Überarbeitung bis zu den Druckvorlagen für *On the Origin of Species* (1859) vorliegen. Bredekamp zufolge suchte Darwin zur angemessenen Visualisierung der für ihn wesentlichen Merkmale der Evolution nach einer bestimmten Form der Darstellung. Diese sollte in der Lage sein, die emergente und ungerichtete Qualität des evolutionären Geschehens möglichst adäquat wiederzugeben.

Als Vorbilder standen verschiedene gebräuchliche Konzepte und Modelle zur Auswahl (vgl. Kap. 4). So etwa die hierarchischen und linearen Konzepte des (Stamm-)Baums, der Stufenleiter oder verwandte linear-kartografische Muster. Mit einer abstrakten Version der Ikonografie des Baums sah sich Darwin direkt im Werk von Alfred R. Wallace (1823-1913) konfrontiert. Ein alternatives Modell zur Visualisierung von Entwicklung war das Kreiskonzept. Der Kreis, der keine Hierarchie der Ausrichtung zulässt, wurde in den zeitgenössischen Entwicklungslehren etwa von Jan Louis Rodolphe Agassiz (1807-1873) favorisiert. In einer kleinschrittigen detektivischen Spurensuche weist Bredekamp nach, dass Darwins frühe Skizzen ebenso wie dessen späte Diagramme in seinen Büchern durch ein bestimmtes organisches Vorbild geprägt waren. Es handelt sich um die in Patagonien von Darwin gesammelte Alge und fälschlich als »Koralle« eingeordnete *Amphiroa Orbignyana*. Dieses Modellsystem besaß eine Reihe von Eigenschaften, in denen Darwin auch Grundzüge der evolutionären Stammesgeschichte sah: Verästelungen in einem buschförmigen Verzweigungssystem, variabler Bau eines komplexen Musters von Verbindungslinien, netzartige Gestalt und ungerichtete Form. Bredekamp sieht in den an »Korallen« erinnernden Skizzen und Diagrammen Darwins vielversprechende Versuche in dem Bestreben, zeitliche Prozesse flächig zu visualisieren (Bredekamp 2005, 38 f.; kritisch dazu Voss 2007, 25, 128; Engels 2007, 90). Angesichts der Gefahr, den Prioritätsstreit um die Formulierung der Evolutionstheorie mit Wallace zu verlieren, schwenkt Darwin dann jedoch zum weitaus bekannteren und den tradierten Denkgewohnheiten entsprechendem Modell des Baums um. Aus strategischen Gründen setzt er auf ein erprobtes Darstellungsmittel. Bestimmte Momente der vorherigen Konzeption bleiben allerdings im neuen Ansatz latent präsent. Sie erzeugen einen Konflikt im Modell, dessen Spuren Bredekamp in psychoanalytischer Manier nachgeht. Dabei verweist er auf verschiedene Aspekte der Zerstörung der harmonischen Symmetrie im Diagramm von Darwin, die die wissenschaftsphilosophische Bedeutung von Details der gewählten Darstellungsmittel zeigen. So wird gezielt der Assoziation einer fortschrittlichen und sich steigernden Entwicklung durch die von oben nach unten gerichtete Struktur der Grafik entgegengearbeitet. Die übliche Hierarchie des Baummodells mit seinen Verzweigungen ist durch Punktreihen, Unterbrechungen und Auffächerungen gebrochen. Viele weitere Merkmale der Tabelle unterstützen diesen Eindruck. Diese Elemente sind Darwins Bestreben entgegengekommen, »die Aseptik des Diagrammatischen zu vermeiden« (Bredekamp 2005, 46). Momente der Irregularität, Disharmonie und Vielfalt prägen deshalb noch die fertige Klapptafel mit dem Diagramm im *Origin of Species.* Nach Bredekamp kann kein Zweifel bestehen, dass dieses Diagramm als Bildsymbol des gesamten Werks von Darwin verstanden werden muss (zur alternativen Deutung dieses Versuchs vor dem Hintergrund der englischen Naturgeschichte vgl. Voss 2007, 95-163).

Gerade weil sich dieser kunsthistorische Ansatz so deutlich vom gängigen Vorgehen der Wissenschaftstheorie unterscheidet, vermittelt er neue Einsichten in die methodologische Funktion von Ikonografien, Visualisierungen und Darstellungsformen in der Biologie. Er zeigt erstens, dass die Darstellung sich in bestimmten abstrakten Formen vom anschaulichen Bild weit entfernen kann. Er demonstriert zweitens, dass der Bereich grafischer Darstellungen – ähnlich wie bei den Laborprotokollen der modernen Molekularbiologie – in die Sphäre der theoretischen oder praktischen Vor- oder Nachbereitung der eigentlichen Beobachtungen oder Experimente hineinreicht (vgl. Kap. 6). Er zeigt drittens die theorierelevanten Aspekte der Darstellung in einem noch anderen Licht als das Beispiel Haeckels. Nicht die Belegfunktion der Darstellung ist hier bedeutsam, sondern die Repräsentationsfunktion. Ging es Haeckel darum, die im Bild gefasste Symmetrie als Beleg für die Geltung der Evolutionstheorie zu verwenden, so sollen bei Darwin die asymmetrischen und irregulären Momente der Diagramme bestimmte Eigenschaften der evolutionären Vielfalt und Heterogenität widerspiegeln. Die Verbindung der diagrammatischen Darstellungsmittel mit sprachlichen Analogiemodellen, Metaphern und Leitideen ist dabei ebenso deutlich wie die Verbindung von Text und Bild im Diagramm. Außerdem ist viertens durch die Modifikation von Darwins Darstellungsprogramm im Zuge der Auseinandersetzung mit Wallace der kontextualistische Bedingungszusammenhang unübersehbar. Schließlich bringt das Beispiel fünftens einen bestimmten Effekt der evolutionären Vielfalt des Lebens auf der Ebene abstrakter Darstellungsformen zum Ausdruck.

4. Modelle

Die methodologische Betrachtung der biologischen Modelle kann an die Ergebnisse des vorangegangenen Kapitels anknüpfen. Auch für Modelle gelten die Bedingungen der Abstraktion und Reduktion von Befunden. Der Begriff »Modell« (von lat. *modulus*: Maß, Vorbild) drückt zudem einen Aspekt der Berechnung und Vermessung aus, der schon einige abstrakte Darstellungsformen prägte. Durch Betonung der Bedeutung von Modellen kommt deshalb ein Anspruch auf Idealisierung und Mathematisierung zum Ausdruck. Darüber hinaus steht das Modell wie das Bild in einer ambivalenten Beziehung zum Original. Einerseits wird eine Übereinstimmung von Modell und Original vorausgesetzt, ohne die das Modell nicht Modell *von etwas* wäre. Dies ist der Aspekt der abbildenden Wiedergabe des Vorgegebenen unter dem Gesichtspunkt der Ähnlichkeit. Andererseits müssen zwischen Modell und Original ausreichende Differenzen bestehen, ohne die das Modell nicht Modell *für etwas* wäre. Dies ist der Aspekt der interessengeleiteten Hervorhebung und des Hinweisens auf ein Angezieltes. Häufig unterscheidet man je nach Schwerpunktsetzung auf einen dieser beiden Aspekte zwischen objektbezogenen und funktional-relationalen Modellen. Letztere kommen vor allem bei der mathematischen oder technischen Darstellung von Strukturbeziehungen zum Einsatz. Solche Unterscheidungen mögen der Klassifikation und der Funktionsbeschreibung dienen, wichtig ist jedoch, dass in *jedem* Modell *beide* Aspekte zusammenkommen.

Betrachtet man die methodologische Sphäre der Modelle im Allgemeinen, dann ist festzustellen, dass ein einheitlicher Sprachgebrauch der Fachwissenschaften nicht vorliegt. Auch sind die theoretischen Überlegungen zu Modellen durchaus heterogen. Berücksichtigt man die Funktionen, die Modellen zugeschrieben werden, so betreffen diese erstens das Übergangsfeld der Vermittlung von wissenschaftlichem Wissen. Die Vereinfachung durch das Modell – von der man bei Gebrauch des Modells weiß – dient in diesem Fall der Darstellung komplexer Sachverhalte in möglichst anschaulicher Form. Im Dialog von Wissenschaft und Öffentlichkeit, bei der interdisziplinären Kommunikation oder bei der Ausbildung in Schule und Universität können solche anschaulichen Vereinfachungen eine wichtige Rolle spielen. Ein Beispiel dafür ist die Verwendung des rutherfordschen Atommodells zur Erläuterung mikrophysikalischer Sachverhalte. Die Vereinfachung kann zweitens ein Moment der innerwissenschaftlichen Analyse von komplexen Phänomenen sein. In diesem Fall ist die Parameterreduktion durch das Modell mit den Voraussetzungen eines experimentellen Eingriffs vergleichbar, die uns im fünften Kapitel beschäftigen werden. Schon dies zeigt die Beziehung von Modellen zum Experiment. Die Seite des experimentellen Eingriffs ist bei manchen Modellformen so dominant, dass sie als funktionelle Simulationsmodelle den bloß illustrierenden Darstellungsmodellen gegenübergestellt werden. Die Umsetzung in einem quasi-experimentellen Szenario muss dabei nicht auf die mathematische Sphäre beschränkt sein (numerische Modelle), sondern kann in technischen Kontexten auch durch materielle Modelle ergänzt werden, etwa bei der Überprüfung ingenieurtechnischer Modellrechnungen und Prognosen mittels maßstabsgetreuer Nachbildungen von Maschinen. Wie diese Beispiele bereits andeuten, kann die Vereinfachung drittens auch Moment einer vorläufigen wissenschaftlichen Erklärung sein. In dieser heuristischen Funktion kommt zum Ausdruck, dass die Modellbildung eine bestimmte Phase der Theorieentwicklung bestimmen kann. Hier hat das Modell vor allem explanatorische Funktionen. Manche Systematiken grenzen deshalb die auf Explanation gerichteten »theoretical models« von den auf Deskription gerichteten »image models« ab. Ergänzend zu der im Simulationsmodell deutlich werdenden technisch-praktischen Seite weisen die Theoriemodelle auf die theoretische Seite von Modellen hin. Eine letzte Funktion der Vereinfachung ist die Herstellung einer Verbindung zwischen getrennten Phänomengruppen vermittels des Modells. Diese Funktion von sogenannten Analogiemodellen kann auf verschiedenen Ebenen und in verschiedenen Phasen des Theoriebildungsgeschehens einsetzen. Modelle dienen dann dazu, bisher getrennte Phänomene und die für sie geltenden Bereichstheorien miteinander zu vernetzen. Sie sind damit gewichtige Elemente im Prozess der Ausbildung einer einheitlichen Theorie.

Neben dem Eindruck von Heterogenität und Vagheit vermitteln diese verschiedenen Bestimmungen jedoch bereits eine Einsicht in *das* übergreifende Charakteristikum aller Modelle. Modelltypen und Modellfunktionen sind zwar vielfältig, ihnen gemeinsam ist aber die *integrative Funktion*. Modelle vermitteln zwischen Bereichen, die vielfach als entgegengesetzt aufgefasst werden: Lebenswelt und Wissenschaft, Beschreibung und Erklärung, Darstellung und Eingriff, Praxis und Theorie. Diese vermittelnde Funktion ist es, die die besondere Rolle der Modelle in der heutigen Wissenschaftstheorie erklärt. Modellen wird die Funktion zugeschrieben, eine Vermittlung zwischen dem besonderen Einzelfall und der allgemeinen Theorie zu stiften. Sie sind offensichtlich *die* Glieder des methodologischen Gefüges, die eine Fundierung von Theorien über empirische Befunde und damit eine Verankerung der Theorie in der Welt erlauben.

Wenn diese Rückbindung der »geläuterten« Konzepte der theoretischen Reflexion an den »rohen« Stoff der Primärerfahrung auch nur annähernd die Bedeutung für das Projekt Wissenschaft besitzt, die ihr John Dewey zuweist (1995, 21 ff.), dann ist die Relevanz von Modellen für die Naturwissenschaft nicht hoch genug einzuschätzen.

Die Frage, wie eine solche Vermittlung erzeugt wird – und damit die Frage, was eine formale Theorie der Logik von einer empirischen Theorie der Naturwissenschaften unterscheidet –, bildet ein gewichtiges Leitthema der Wissenschaftsphilosophie. Einen Umbruch in der Geschichte dieser Frage markiert Poppers Kritik an der neopositivistischen Vorstellung eines unproblematischen, weil kontinuierlichen induktiven Aufstiegs von einzelnen Beobachtungen zur allgemeinen Theorie. Popper lehnt diese Konzeption der empirischen Verifikation aus logischen und sachlichen Gründen ab. Gegen sie spricht die Tatsache, dass hier die logische Kluft zwischen der Sammlung endlich vieler einzelner Tatsachen und der für *alle möglichen* Fälle gültigen Theorie einfach übersprungen wird. Diese Transzendierung von Beobachtungsdaten konfrontiert das neopositivistische Programm mit dem »humeschen« Problem der Induktion. Der einzig legitime Weg, auf dem Beobachtungen mit der allgemeinen Theorie im Rechtfertigungsprozess in Kontakt kommen können, ist deshalb die »Falsifikation«. Hier besteht eine methodologische Asymmetrie: Während jede endliche Summe von Beobachtungen nicht genügt, um eine Theorie zu bewahrheiten, ist logisch gesehen eine einzige Beobachtung in der Lage, eine theoretische Behauptung zu widerlegen. Poppers hypothetisch-deduktives Konzept der Theoriebildung ist jedoch nur unter logischen Gesichtspunkten unproblematisch. Nur logisch gilt, dass *ein* negatives Beispiel wirklich genügt, um die Theorie zu negieren. Unter forschungspraktischen Gesichtspunkten ist die Sache nicht so einfach. Singuläre Ereignisse (*eine* Beobachtung durch ein Subjekt), das weiß auch Popper, können überhaupt keine Bedeutung in einem wissenschaftlichen Programm entfalten. Naturwissenschaft erfordert vielmehr eine Wiederholbarkeit auch der Falsifikation. Zudem ist niemals tatsächlich eine isolierte Tatsache mit der allgemeinen Theorie konfrontiert, sondern stets ein »typisches Ereignis« (ein »Vorgang«) – also eine Klasse von Ereignissen (Popper 1994, 56f.).

Die Kritik an der Falsifikation setzt an diesem Punkt an. Sie macht deutlich, dass hinsichtlich der Vermittlung zwischen Empirie und Theorie mit dem Vorschlag von Popper noch nicht das letzte Wort gesprochen ist. Man könnte angesichts der Konfrontation der Theorie mit einem »Vorgang« sogar behaupten, hier gerate gar nicht die Beobachtung mit der Theorie in Konflikt, sondern es konkurrierten zwei Theorien miteinander. Nach Thomas Kuhn muss deshalb das simple Modell der Widerlegung einer Theorie durch empirische Daten modifiziert werden. Dieses Modell ist zu stark an Verfahren der Rechtfertigung in Mathematik und Logik orientiert. In Wirklichkeit ist vielmehr ein komplexer Prozess der Durchsetzung und Aufrechterhaltung von theoretischen Annahmen vorauszusetzen, der in vielen Elementen keine Logik, sondern eine *Psychologie der Forschung* darstellt (Kuhn 1970, 13ff.). Zudem kann es durchaus sinnvoll sein, an einer Theorie auch dann noch festzuhalten, wenn ihr empirische Daten widersprechen, da empirische Mängel im Laufe der Zeit behoben werden können. Diese Einsicht bestimmt auch das Konzept von Imre Lakatos (1922-1974). Für ihn findet der Kontakt von Theorie und Erfahrung im Rahmen eines Konflikts zwischen ganzen Forschungsprogrammen statt, die jeweils eine systemhafte Verbindung von beobachtungsnahen Anteilen und theorienahen Anteilen darstellen. Die Konkurrenz der Programme ähnelt dann einem langwierigen und verschlungenen Stellungskrieg, bei dem der Sieg eines Programms nicht simpel durch direkte Konfrontation mit empirischen Daten entschieden wird (Lakatos 1974, 71 ff.).

Die aktuellen wissenschaftsphilosophischen Überlegungen zur Rolle der Modelle knüpfen genau an diese Diskussionen an. Sie gehen von mannigfaltigen Sphären, Subdomänen oder Hierarchieebenen der Methodologie aus und setzen ein gestaffeltes und vernetztes Beziehungsgefüge zwischen verschiedenen Niveaus theoretischer Vermittlung voraus (Galison 1987, 242). In diesem methodologischen Gefüge wird dem Bereich der Modelle die Funktion der Vermittlung zwischen verschiedenen Abstraktionsniveaus der Theoretisierung zugeschrieben. Die hier geknüpften Verbindungen sind sowohl solche zwischen einzelnen Beobachtungen und allgemeiner Theorie als auch solche zwischen experimenteller Praxis und Theorie. Die Modellbildung ist der »Ort des Dialogs zwischen Theorie und Praxis« (Lenoir 1992, 176). Diese Vermittlungsfunktion hat unmittelbar mit den eingangs beschriebenen Ambiguitäten von Modellen zu tun. Modelle ermöglichen die selektive Hervorhebung von Merkmalen und bieten damit Mechanismen der Vereinfachung, Abstraktion und Typisierung von Phänomenen. Umgekehrt wird die Theorie durch Modelle schematisiert und kann sich den Beobachtungsdaten nähern. Modelle sind angenäherte Darstellungen von Phänomenen und zugleich Artikulationen von Theorien. Darüber hinaus ist die Vereinfachung und Standardisierung durch das Modell ein wichtiger Schritt für die Verlässlichkeit der technischen Anwendung und bildet so die Grundlage der Praxis.

Vergegenwärtigen wir uns nun erneut die Bedingungen biologischer Forschung, dann ist es offensichtlich genau diese Vermittlung zwischen besonderem Einzelfall und allgemeiner Theorie, die zur zentralen Herausforderung der Biologie wird. Den biologischen Phänomenbereich, wie ihn die Evolutionstheorie beschreibt, hatten wir als Bereich der Heterogenität, Variabilität und Dynamik kennengelernt. Zugleich sind die meisten biologischen Bildungen jedoch geordnet. Sie weisen eine komplexe Systemorganisation auf und stehen untereinander in der allgemeinen Verwandtschaftsbeziehung der Evolution. Aus diesem Grund ist die Suche nach Ordnung für die Vielfalt, nach der Vermittlung zwischen Einzelnem und Allgemeinem, *die* große Aufgabe der Biologie. Insofern ist es erklärlich, dass Modelle in der Biologie eine wichtige Rolle spielen.

Nicht nur die Bedeutung der biologischen Modelle, sondern auch deren Vielfalt und das Spektrum an unterschiedlich abstrakten oder invasiven Modelltypen sprechen für diese Überlegung. Einige biologische Modelltypen haben zudem in anderen Naturwissenschaften keine Entsprechung, so etwa die *Modellorganismen* – Lebewesen als Modelle für andere Lebewesen. Im Folgenden werden wir uns nicht allen biologischen Modelltypen widmen können. Wir werden uns exemplarisch auf diejenigen beschränken, die die Typik der biologischen Situation besonders gut zum Ausdruck bringen. Zudem wählen wir einen Modelltyp, der wegen seiner augenscheinlichen materiellen Konkretion das eine Ende des Spektrums biologischer Modelle repräsentiert, den *Modellorganismus.* Am anderen Ende des Spektrums betrachten wir dann ein spezifisch theoretisches und begriffliches Modell: das sprachliche *Organismusmodell*, ein biologisches Analogiemodell.

Modellorganismen

Insbesondere die Innovationsschübe in der Genomforschung haben die Bedeutung von Modellorganismen unterstrichen. An ihnen hat sich ein systematisches Interesse entzündet, in dessen

Gefolge eine historische Aufarbeitung des Phänomens einsetzte (Lederman, Burian 1993; Jacob 2000; Brookes 2002). Nicht nur, dass unterschiedliche vorbildhafte Organismen schon immer den Gang der Biologie *begleitet* haben, Modellorganismen haben diesen Gang der Biologie vielmehr *bestimmt*. Die historische Entwicklung der Biologie ließe sich deshalb ohne Schwierigkeit als Wandel der Erforschung unterschiedlicher Modellorganismen darstellen. So wäre etwa eine Geschichte der modernen Genetik als Paradigmenwechsel von Experimentalsystemen zu rekonstruieren. Als maßgebliches Moment des jeweiligen Forschungsparadigmas würden dann nicht nur bestimmte methodische Ansätze fungieren, sondern immer auch Modellorganismen. Dabei ist allerdings der enge Konnex zwischen Modellorganismus und Methode herauszustellen (vgl. Kap. 2). Mit den Begriffen »Platterbsen-Genetik«, »Drosophila-Genetik«, »Bakteriophagen-Genetik«, »Bakterien-Genetik« oder »Tabakmosaikviren-Genetik« – von denen einige in der Fachbiologie gebräuchlich sind – wären dann aufeinander folgende Forschungsprogramme bezeichnet, die den Gang der Genetik konstituieren.

Setzen wir uns jedoch mit der methodologischen Bedeutung von Modellorganismen detaillierter auseinander und treten dazu argumentativ einen Schritt zurück: Was sind Modellorganismen, und in welcher Weise prägen sie die biologische Forschung? Es wurde bereits angedeutet, dass es sich bei Modellorganismen um Arten oder Populationen von Lebewesen handelt. Diese fungieren erstens als Modell für andere Arten oder Populationen, zweitens für Lebewesen überhaupt (alle anderen klassifikatorischen Abstufungen sind denkbar), drittens für spezifische Strukturen oder Funktionen im biologischen Phänomenbereich, viertens für bestimmte biologische Verfahren und Techniken, fünftens für biologische Theorien oder sechstens für *die* Biologie überhaupt. Schon hier wird die Bandbreite der Verwendungsarten deutlich. Die Modellfunktion erstreckt sich von der Repräsentation konkreter biologischer Bildungen über die Repräsentation biologischer Methoden und Theorien bis hin zur Repräsentation der Biologie als Wissenschaft.

Das mit dem Modellcharakter verbundene Moment der Standardisierung ist im Fall der Modellorganismen somit für die Umsetzung in sehr weiten Verwendungskontexten ausgelegt. Diese müssen nicht einmal ausschließlich solche der Grundlagenforschung sein, sondern können sich auf konkrete technische oder medizinische Abläufe der Anwendung erstrecken, so etwa wenn sie bei der standardisierten Gewässergüteuntersuchung oder der pharmakologischen Toxizitätsprüfung eingesetzt werden. Modellorganismen erfüllen dabei auch die Rolle von Instrumenten oder von Messgeräten. Eine ähnliche Doppelung der Funktion – als idealisierte Repräsentanten *von* Lebensfunktionen *und* als instrumentelles Verfahren *für* die Standardisierung und Messung eben dieser Lebensfunktionen – ist in der Geschichte der Modellorganismen vielfach belegt. Ein einschlägiges Beispiel dafür bildet das Modell Frosch, das unter kontingenten Umständen – aber durchaus mit einer Vorgeschichte in der Erforschung des Blutkreislaufs seit William Harvey (1578-1657) und der Muskelkontraktion seit Jan Swammerdam (1637-1680) – durch die paradigmatische Forschung von Luigi Galvani (1727-1798) und Alessandro Volta (1745-1827) im 19. Jahrhundert zu *dem* neurophysiologischen Untersuchungsobjekt avancierte (Pera 1992). Zugleich wurde das Modell Frosch wegen des Fehlens entsprechend sensibler Messgeräte zum Instrument der Wahl für die Messung der Bioelektrizität (»Froschstrom« vgl. Holmes in Lederman, Burian 1993, 311 ff.; Dierig 2006, 97 ff.).

Das Moment der Standardisierung mittels Modellorganismen ist nicht auf den Einsatz im Labor beschränkt. So sind die Züchtungsversuche Gregor Mendels (1822-1884) am Modellorganismus *Pisum* (Platterbse) im Freiland eines Klostergartens erfolgt (vgl. Hoppe in Jahn 2000, 391 ff.). Ebenso sind viele Funktionen von Modellorganismen in der Verhaltensforschung Resultat von Freilanduntersuchungen – dies veranschaulicht die Zusammenstellung der auf Modellorganismen bezogenen artspezifischen Verhaltensweisen durch Robert A. Hinde (1973, I, 86 f.). Das besondere Gewicht der Modellorganismen in der aktuellen Biologie erklärt sich jedoch vor allem durch die erhöhte Bedeutung der Standardisierungsoption in der »gesteigerten« Umwelt des Labors. Wie komplex die methodologischen Bedingungen hier werden, zeigen die unter dem Titel *The right organism for the job* von Muriel Lederman und Richard Burian (1993) zusammengestellten Forschungsbeiträge. Sie belegen zunächst, dass innermethodologische Faktoren den Einsatz von Modellorganismen mindestens ebenso beeinflussen wie außermethodologische Faktoren. Dieser Befund stimmt mit Flecks Analyse der Wassermann-Reaktion (Fleck 1980, 71 ff.) und mit Lenoirs Untersuchungen des Forschungsprogramms der analytischen Schule der Biowissenschaften (Lenoir 1992, 18 ff.) überein. Trotz der grundsätzlichen Verwobenheit von heterogenen Einflüssen, die die Laborbiographie jedes einzelnen Modellorganismus prägen, ist unter systematischen Gesichtspunkten eine Separierung verschiedener Aspekte geboten.

Gehen wir vom Ziel der Standardisierung und Normierung aus, dann ist zunächst festzuhalten, dass Laborforschung durchaus nicht selbstverständlich durch dieses Ziel bestimmt ist. Hier weicht die reale Forschungssituation vom idealisierten Bild der auf Allgemeinheit und Notwendigkeit ausgerichteten Wissenschaft deutlich ab. Wie es die Studien von Hans-Jörg Rheinberger (2001) zur Molekularbiologie zeigen, stellen Virtuosität und Routine und damit auch Vereinheitlichung und Standardisierung nur *eine* Seite des Forschungsprozesses dar. Wohldefinierte

Prüfverfahren in einem festen theoretischen Rahmen gewinnen eigentlich erst dann Bedeutung, wenn der Prozess der Exploration abgeschlossen ist. Während des Vollzugs der Erforschung des Unbekannten herrschen vielmehr Vagheit und Verschwommenheit, »unklare Ideen« und »unscharfe Begriffe« sowie die praktischen Bedingungen der *bricolage*. Insofern greift auch die Standardisierungsfunktion von Labororganismen eigentlich erst dann, wenn der Wechsel von der explorativen Grundlagenforschung zur routinierten Anwendung vollzogen ist. Die Grenze zwischen beiden Bereichen ist allerdings fließend. Darüber hinaus sind die Forschungsvollzüge bereits durch bestimmte Rahmenbedingungen im Vorhinein kanalisiert. Diese erleichtern eine Entwicklung der Forschung in eine bestimmte Richtung und verbauen andere Optionen.

Zu den Eigenschaften, die manche Organismen für die Funktion als Modellorganismen prädestinieren, gehören auch biologische Merkmale. Um als Modellorganismen der Laborforschung zu taugen, müssen die entsprechenden Lebewesen für das Überleben im Labor befähigt sein. Bereits in dieser Phase des Laborvollzugs werden Lebewesen zu Biofakten (Karafyllis 2006). Viele Labororganismen entstammen kosmopolitischen Arten, weil deren unspezialisierte Nahrungsansprüche, ihre große Toleranz gegenüber Umweltbedingungen, die Stabilität der biologischen Eigenschaften über die Zeit – neben hoher Reproduktionszahl, großer Populationsdichte und schneller Generationenfolge – »fördernde« Faktoren für die Existenz als Labororganismus sind. Das hier relevante Handlungsgeschehen fällt in den Zeitabschnitt, den Knorr Cetina (2002, 127) die erste Stufe des biologischen Labors nennt. Das Labor hat dabei den Charakter einer Mischung aus Werkstatt und Zuchtstation, und die Handlungen der menschlichen Akteure stehen unter den Maximen der Aufzucht und Reproduktion (vgl. Kap. 2).

Zu den generellen Eigenschaften, die Lebewesen das Überleben im Labor unter den Hälterungsbedingungen der Aufzucht erleichtern, kommen dann die konkreten Erfordernisse bei bestimmten Forschungsfragen und Experimentalsystemen hinzu (vgl. Kap. 5). Dies ist die zweite Stufe des Laborprozesses, in der Organismen als Arbeits- und Forschungsmaterialien für die experimentellen Tätigkeiten relevant werden. Die Handlungen der menschlichen Akteure stehen nun unter den Maximen der Exploration und der Manipulation. Dabei ist ein möglichst günstiger Zugriff auf bestimmte biologische Strukturen und Funktionen die Conditio sine qua non des Forschungsprozesses. Auch die Möglichkeit des Einsatzes verschiedener, sich ergänzender oder korrigierender Verfahren an ein und demselben Lebewesen stellt eine positive Bedingung für den Einsatz als Modellorganismus dar. Wichtig ist zudem, dass die untersuchte Eigenschaft wirklich verallgemeinerbar ist. Gerade diese methodologische und ontologische Forderung ist für das Verständnis von Modellorganismen zentral.

Unter den *evolutionären Bedingungen* biologischer Vielheit muss die Verallgemeinerung von Befunden an Modellorganismen besonderen Restriktionen unterliegen. Diese haben methodologische, aber auch ethische Konsequenzen. Ein bekanntes biologiehistorisches Beispiel für die mit der Fixierung auf bestimmte Modellorganismen verbundene Begrenzung in der biologischen Theoriebildung liefert die erwähnte Forschung Gregor Mendels. Dessen Regelkanon (vgl. Kap. 6) für die Hybridisierung von Samenpflanzen bezog sich vor allem auf die Erkenntnisse am Modellorganismus Platterbse (*Pisum*). Diese ließen sich wegen des veränderten Vererbungsmodus am Habichtskraut (*Hieracium*) nicht reproduzieren (Janko, Matálová 2001, 399). Ebenso muss der im ersten Kapitel erwähnte Disput zwischen den Entwicklungslehren der mechanischen Schule um Roux und der vitalistischen Schule um Driesch unter Berücksichtigung eines Wechsels des Modellorganismus betrachtet werden. Roux hatte seine Rotations- und Anstichversuche am Amphibienkeim (Froschei) durchgeführt, Driesch hingegen war bei grundsätzlicher Beibehaltung des methodischen Vorgehens zum Seeigelkeim gewechselt. Dass die Ergebnisse der Forschung *nicht nur* vom Modellorganismus, sondern auch vom Verfahren des Eingriffs abhängig sind, hatte hingegen schon Endres (1895) gezeigt, der mit seinen Haarschlingenversuchen beim Amphibienkeim die gleichen Reaktionen wie beim Seeigelkeim erzeugen konnte, weil er im Gegensatz zu Roux die Blastomeren des Zweizellstadiums nicht partiell, sondern vollständig voneinander trennte (Penzlin in Jahn 2000, 445). Auch die spätere Kritik an Drieschs vitalistischer Naturphilosophie wurde massiv durch die Änderung der präparativen Verfahren unter Beibehaltung des Modellorganismus Seeigel gestützt. Während Driesch die zu untersuchenden Blastomeren durch Schütteln oder in Ca^{2+}-freiem Seewasser trennte, setzte Sven Hörstadius zur Teilung unbesamter Eier von Seeigeln eine feine Glasnadel ein und konnte dadurch die von Driesch behauptete »Äquipotenzialität« des Plasmas widerlegen.

Die Frage nach der Übertragbarkeit von an bestimmten Modellorganismen gewonnenen Befunden auf andere Fälle oder allgemeiner die Frage nach dem Umfang des am Modellorganismus gewonnenen Wissens führt uns noch einmal auf die innige Verflechtung methodologischer und ontologischer Momente zurück. Zunächst sind drei allgemeine methodologische Aspekte der Biologie auch bei Modellorganismen zu berücksichtigen: Erstens wird eine endliche Zahl experimentell untersuchter individueller und untereinander heterogener Lebewesen einer Art zur Norm für alle anderen Lebewesen dieser Art erklärt. Zweitens wird ein bestimmtes Merkmal (bzw. einige wenige Merkmale) dieser Lebewesen hervorgehoben, andere werden vernachlässigt. Drittens werden die Merkmale im experimentellen ebenso wie im darstellenden Verfahren gleichermaßen »vorgefunden« wie »konstruiert«. Über diese Aspekte hinausgehend, ergeben sich bei Modellorganismen zusätzliche methodologisch-ontologische Probleme der Repräsentation und Normierung.

Vergleichbar mit der Situation bei der Bildung biologischer Theorien oder Erklärungen (vgl. Kap. 6) wird auch beim Einsatz von Modellorganismen die mit den Begriffen »Individualität« oder »Vielfalt« umschriebene spezifische Struktur des biologischen Gegenstandsbereichs relevant. Für die methodologische Rolle von Modellorganismen gibt es auch deswegen in anderen Naturwissenschaften keine Entsprechung, weil sich aufgrund der Evolution nur die Biologie einer so großen Zahl von Objekten, Strukturen und Funktionen ausgesetzt sieht. Diese können stets nur bedingt durch Formalisierung in normierte Einheiten überführt werden. Schon die Tatsache, dass einerseits zwar eine Vielzahl von unterschiedlichen Modellorganismen die biologischen Labors bevölkert, sie jedoch andererseits immer nur einen verschwindend geringen Anteil aller bekannten Lebensformen ausmacht, zeigt diese Spannung zwischen Allgemeinem und Besonderem. Dabei ist es durchaus berechtigt, auf der Basis des stammesgeschichtlichen Reproduktionszusammenhangs Gemeinsamkeiten von Populationen, Arten, Gattungen sowie Bauplantypen zu unterstellen und an bestimmten Organismen oder Modellen gewonnene Einsichten zu generalisieren. Aufgrund des evolutionären Zusammenhangs werden sich sogar ursprüngliche – in der Stammesgeschichte bereits früh aufgetretene – Eigenschaften nachweisen lassen, hinsichtlich deren zwischen den verschiedenen Lebensformen weitgehende Übereinstimmung herrscht. Nach den Thesen von Eric Davidson und Douglas Erwin (2006) geht diese Typik auf der phyletischen Ebene und dem Organisationsniveau von Bauplänen auf die Existenz fest verschalteter genetischer regulatorischer Netzwerke zurück. Diese wurden im Laufe der Evolution sehr früh angelegt und waren dann ohne Gefährdung der Weiterexistenz der betroffenen Organismen nicht mehr über Mutationen veränderbar. Neben solchen allgemeinen Mustern des Bauplans sind cum grano salis auch die Zusammensetzung aus bestimmten chemischen Hauptstoffklassen oder das Vorliegen grundsätzlicher Organisationsprinzipien und Mechanismen des Stoffwechsels allen bekannten Lebensformen gemeinsam. Andererseits bleibt bei komplexeren Funktionen und Strukturen gerade in der Biologie stets die Frage, wie weit deren Übertragbarkeit reicht.

Hier eröffnet sich eine grundlegende Dialektik. Einerseits werden *bestimmte* Modellorganismen aufgrund ihrer *spezifischen* Eigenschaften für die modellhafte Erforschung oder Darstellung von biologischen Phänomenen ausgewählt. Andererseits ist es das Ziel biowissenschaftlicher Arbeit, *allgemeine* Grundprinzipien für alles Lebendige zu formulieren. Im Fall der Modellorganismen ist diese grundsätzliche Dialektik aller Wissenschaften auch deshalb besonders brisant, weil hier die methodologische Funktion der Verallgemeinerung von Bildungen erfüllt werden soll, die das Resultat eines evolutionären Geschehens sind. Die Verallgemeinerung soll zudem *für* Bildungen gelten, die ebenfalls aus der Evolution hervorgegangen sind. Sowohl das Modell als auch diejenigen Bildungen, für die es als Modell fungiert, sind Produkte der Evolution und damit vielfältig, heterogen sowie in Teilen einzigartig. Zwar ist damit eine grundsätzliche Gemeinsamkeit zwischen Repräsentierendem und Repräsentiertem aufgezeigt. Im Fall der geforderten Verallgemeinerung von Befunden, Merkmalen oder Bestimmungen ist diese Gemeinsamkeit jedoch nicht förderlich, sondern vielmehr hinderlich. Auf beiden Seiten der Repräsentationsbeziehung steht eine mehr oder weniger einzigartige Bildung.

Ein besonderes Kennzeichen dieses methodologischen Problems ist es, dass es auch ethische Implikationen hat (vgl. Kap. 7). Dies gilt etwa angesichts der eingegrenzten Übertragbarkeit von Modellbefunden in klinischen Studien. Die ethische Relevanz ergibt sich in den genannten Fällen daraus, dass die Ergebnisse von Versuchen an Modellorganismen auch auf den Menschen übertragen werden sollen (Aspekt der Gemeinsamkeit). Bedeutsam für ethische Überlegungen im Sinne einer Risikoanalyse werden jedoch Abweichungen in der Reaktion von Versuchstier und Mensch (Aspekt der Differenz). Hans Jonas (1987, 167) hat in diesem Zusammenhang auf einen weiteren wichtigen Punkt aufmerksam gemacht, indem er betont, dass im Fall der Experimente an Lebewesen der Unterschied zwischen »Versuch« und »Tat« verschwindet. Damit der Versuch gültig ist, muss er am Original durchgeführt werden. Aus diesem Grund ist jeder konkrete Modellorganismus in zweierlei Hinsicht zu berücksichtigen: In seiner *verallgemeinernden* Funktion als Ideal für eine biologische Struktur oder einen biologischen Prozess und in seiner *konkreten* Funktion als das hier und jetzt experimentell untersuchte Lebewesen.

Aus diesem Punkt folgt ein letztes wichtiges Moment des biologischen Umgangs mit Modellorganismen. Die neueren Studien zur Forschung mit Modellorganismen belegen, dass hier immer ein spezifisches Wechselverhältnis zwischen Forscher und Forschungsgegenstand unterstellt werden kann (vgl. dazu Kap. 2). Einerseits wählen Forscher oder Forschergemeinschaften mit ihren heuristischen Strategien oder durch Zufall einen bestimmten Modellorganismus für ihre Forschung aus. Schon dabei kann neben zufälligen und pragmatischen Faktoren eine »Vertrautheit« mit dem Modellorganismus für eine im Sinne der Zweckrationalität gute Wahl sprechen. Was bei einer Rekonstruktion der historischen Umstände, wie Modellorganismen ins Labor gelangen, so erscheinen mag, als habe man einfach diejenigen Lebewesen gewählt, die sowieso schon im Labor vorhanden waren, kann sich bei tieferer Analyse als methodisch sinnvoller Rückgriff auf bereits gewonnene Erfahrung erweisen. Hier kommt der Aspekt eines »feeling for the organism« (Fox Keller 1995) ins Spiel, der selbst in modernen Laborvollzügen der Molekularbiologie nachzuweisen ist. Die andere Seite der Wechselbeziehung ist mit dem im zweiten Kapitel als »Symbiose« bezeichneten Aspekt der Formung des Forschungsgeschehens durch die Modellorganismen angesprochen. Auch hier sind metaphysische, epistemologische *und* ethische Aspekte zu berücksichtigen (vgl. Kap. 7). Die biologische Laborforscherin hat es eben nicht nur mit ihren eigenen Forschungsintentionen zu tun, sondern immer auch mit einer gewissen »Selbsttätigkeit« der »Untersuchungsgegenstände«. Sie muss etwa für die Zusammensetzung von Wachstumsmedien die Nahrungsbedürfnisse der Lebewesen berücksichtigen – selbst wenn es sich nur um einzelne Zellen handelt. Dies kann etwa im Kontext der medizinischen Anwendung bedeutsam werden. Ein Beispiel dafür liefert das Verfahren der Gewebezüchtung im Labor (*Tissue Engineering*), bei dem gesunde Zellen aus dem Körper isoliert sowie im Labor aufgezogen werden und aus ihnen ein Gewebe kultiviert wird, das dann zum Ersatz geschädigter Strukturen retransplantiert werden soll. Dieses Verfahren stellt insofern eine besondere Herausforderung für die Biotechnik dar, als Gewebe aus einer komplexen Vielfalt von Zelltypen bestehen. Zudem müssen Zellanordnung, Zellfunktion und Zellvermehrung gesichert sein, um ein neues funktionierendes Gewebe zu erzeugen. Zellen, die aus einem solchen Verband isoliert werden, haben die Tendenz, ihre bisherigen Eigenschaften zu verlieren. Insofern ist die Isolation von Zellen ein schwerwiegender und folgenreicher Eingriff (vgl. Kap. 5). Die gezielte Neubildung von Geweben aus isolierten Zellen hängt deshalb von einer Fülle unterschiedlicher Faktoren ab, und für den Erfolg des Verfahrens ist man darauf angewiesen, dass das transplantierte Material tatsächlich der normalen histologischen Organisation soweit wie möglich entspricht (VDI 2004).

Auch unter komplexeren Hälterungsbedingungen als der Aufzucht von Zellen oder Geweben in einer Petrischale sind im Labor die spezifischen Erfordernisse von Lebewesen zu berücksichtigen. So muss man etwa bei der Aufzucht höher organisierter Lebewesen eine Möglichkeit zur Deckung oder zur Beschäftigung einräumen, sollen Degenerationen vermieden werden, die dann die Ergebnisse von Verhaltensversuchen verfälschen würden. Vor allem jedoch gilt im Experiment die Formulierung von Hans Jonas: »Biologische Technik ist kollaborativ mit der Selbsttätigkeit eines aktiven ›Materials‹, dem von Natur funktionierenden biologischen System.« (Jonas 1987, 165) Die methodologischen Konsequenzen dieses Faktums werden – wie vor allem das fünfte Kapitel zeigen wird – in den verschiedenen Forschungsansätzen der biologischen Subdisziplinen je unterschiedlich stark deutlich. In Nachfolge der behavioristisch ausgerichteten Verhaltensforschung hat etwa die Einsicht in die Bedeutung der Motivationslage der zu untersuchenden Organismen bei komplexen Verhaltensleistungen zur scherzhaften Formulierung eines sogenannten ›Harvard law of animal behavior‹ geführt (»Tiere unter genau kontrollierten experimentellen Versuchsbedingungen machen das, was sie verdammt noch einmal wollen«).

Über diese Aspekte hinausgehend ist es jedoch immer auch die im zweiten Kapitel erwähnte Ebene methodologischer Rahmenbedingungen, auf der die »aktive Gestaltungskraft« der Modellorganismen im Forschungsprozess ins Spiel kommt. Durch ihre besondere Bedeutung für Verfahren, Theorien oder das Wissenschaftsbild haben Modellorganismen eine paradigmenkonstituierende Funktion. Auch hinsichtlich dieses Aspekts bestimmen sie die Forschungsumwelt der Forscherkollektive.

Organismusmodelle

Insbesondere die sprachlichen Analogiemodelle für Organismen (vgl. auch Hempel 1977, 160 ff.) stellen als modellhafte Transfers von Erklärungsmustern denjenigen Bereich dar, in dem die kontextuellen Bedingungen des biologischen Modellgebrauchs offensichtlich werden. Darüber hinaus sind gerade hier die Verbindungen zwischen Biologie und Philosophie besonders eng. Schließlich kommt in diesem Fall die vermittelnde Funktion von Modellen nicht nur im interdisziplinären Brückenschlag, bei der fachinternen Ausbildung von Heuristiken oder der Konstituierung einheitlicher Theorien zum Tragen, sondern auch in der literarischen und philosophischen Aufnahme biologischer Befunde (Wittig 1997). Die im Folgenden vorgestellten Organismusmodelle haben deshalb ihre Bedeutung sowohl innerhalb der Biologie als auch für die Philosophie, die Literatur und den Alltagsgebrauch. In bestimmten Phasen der Biologiegeschichte prägten sie nicht nur das Verständnis des Lebendigen im Allgemeinen, sondern liefern konkrete Vorgaben für das Selbstverständnis des Menschen. Wir werden im Folgenden drei Analogiemodelle betrachten – das Maschinen-, das Kristall- und das Polypenmodell. Jedes dieser Modelle entstammt einer anderen Sphäre: den Bereichen technischer, unbelebter respektive belebter Systeme. Alle drei Modelle sollen den Systemcharakter von Lebewesen zum Ausdruck bringen, der jedoch jeweils unterschiedlich konnotiert ist. Da alle drei Modelle auch auf den Menschen übertragen worden sind, steht jedes von ihnen nicht nur für ein prominentes Verständnis lebender Systeme, sondern repräsentiert zudem ein je verschiedenes Selbstverständnis des Menschen als Lebewesen. Im Verlauf der Geschichte sind die drei Modelle in unterschiedlichen Kombinationen verwendet worden.

Das bekannteste sprachliche Analogiemodell für die Funktion und Struktur von Organismen gehört in die Sphäre technischer Artefakte und weist die deutlichsten philosophischen Implikationen auf. Es ist das *Maschinenmodell* des Lebens, das vor allem seit den Philosophien von Thomas Hobbes (1588-1679), René Descartes (1596-1650) oder Julien Offray de La Mettrie (1709-1751) in Philosophie und Fachwissenschaft immer wieder diskutiert wurde (Canguilhem 1955; Dohrn-van Rossum 1978, 557 ff.; Böckenförde 1978, 561 ff.; Fleck 1980, 186; Sutter 1988). Im wissenschaftlichen und philosophischen Zusammenhang dient dieses Modell je nach Verwendungskontext zur Repräsentation verschiedener Merkmale des Lebendigen: Selbstbewegung, Regelmäßigkeit, funktionale Zweckmäßigkeit, Organisation, Zusammenwirkung von Teilstrukturen und -funktionen, rationale Durchschaubarkeit und Planhaftigkeit. In vielen Fällen wird die Maschinenanalogie deshalb als Ersatz für klassische Finalerklärungen ins Spiel gebracht.

Eine besondere Relevanz entfalten die Analogien und Sprachbilder der Maschine seit Beginn der neuzeitlichen Naturwissenschaft. Obwohl technomorphe Konzepte schon bei Aristoteles zu finden sind, setzt deren Blütezeit erst ein, als die *mēchanikē téchnē* – die in antiken Wissenschaftssystematiken nicht den Status einer vollständigen Wissenschaft besaß, da sie am Nutzen, am Einzelfall oder an der Erfahrung ausgerichtete Praxis war – zum Grundstein und Auszeichnungskriterium für exakte Forschung wurde (Gaidenko 1996, 60). Technomorphe Organismusmodelle (Rothschuh 1970) findet man deshalb verstärkt seit dem 16. und 17. Jahrhundert (Sutter 1988). Sie prägen auch das Bildwerk, die Konstruktionsmodelle und die theoretischen Überlegungen von Leonardo da Vinci (Mazzolini in Maier, Zoglauer 1994). Im Werk Leonardos – das noch für die moderne Bionik wichtig ist (Oertel, Grundwald 2006, 20) – werden diese Analogien nicht nur in sprachlicher, sondern auch in grafischer Form vermittelt; so etwa in der Kombination von Bildern über den Aufbau der Wirbelsäule und die Konstruktion von Schiffsmasten (Fleck 1980, 180). Dies belegt einmal mehr den kontinuierlichen Übergang von unterschiedlichen Abstraktions- und Formalisierungsverfahren. Bildhafte Darstellungen, materielle Modelle und sprachliche Analogien sind mithin variabel kombinierbare Weisen der Vermittlung von Einzelnem und Allgemeinem, die insbesondere in der Biologie in mannigfaltigen Kombinationen auftreten. Die anhaltende Prominenz solcher Analogien in den aktuellen Debatten um die neuen Biotechnologien im Übergang von Gen-, Neuro- und Nanowissenschaft (Fox Keller 2002; Köchy 2006b) zeigt, dass es sich auch hierbei nicht um ein Phänomen aus der vorwissenschaftlichen Vergangenheit der Biologie handelt. Im Gegenteil, gerade die aktuelle Debatte über nanobiotechnologische Innovationen hat der mechanischen Metaphorik neuen Auftrieb gegeben. Ausgehend von Eric Drexlers (1987) Fiktion sich selbst reproduzierender Nanoroboter (*nanobots*) nimmt die Attraktivität von Analogien aus dem Bereich des Maschinellen wieder zu. Das belegt das Einwandern entsprechender Sprachmodelle in die fachwissenschaftliche Terminologie und deren Verwendung in der öffentlichen Präsentation der Nanobiotechnologie. Exemplarisch lässt sich dies im Bereich der so genannten biomimetischen Systeme beobachten (Oertel, Grunwald 2006, 24; VDI 2002). Hier wird weitgehend unbedacht von »Protein-Maschinen der Zelle« und »molekularen Motoren« gesprochen, wenn es eigentlich um biologische

Funktionen und Strukturen der Zelle geht. Zugleich finden sich neue Maschinenkonzepte – etwa die *soft machines* von Jones (2004).

Vom Standpunkt einer historisch sensiblen Biophilosophie aus wird die Verwendung sprachlicher Analogiemodelle in ihrer geschichtlichen Dynamik erkennbar. Auch diese historische Entwicklung von Analogiemodellen muss als Moment des ständigen Abgleichs zwischen Modell und Original verstanden werden. Vor allem in der Biologie, wo dieser Abgleich wegen der Fülle zu berücksichtigender Parameter besonders dringlich ist, lassen sich viele Fälle von »Analogieevolution« nachweisen. Wenn Prozesse in Lebewesen mit maschinellen Abläufen analogisiert werden, dann können die Assoziationen, die mit diesem Modelltransfer verbunden sind, sehr unterschiedlich sein. Für die nachträgliche Deutung ist deshalb auch der Entwicklungsstand der Maschinentechnologie in Rechnung zu stellen. Von einfachen Hebelkonstruktionen über komplexe Uhren und Dampfmaschinen bis hin zur heutigen Computertechnologie oder zu Nanomaschinen reicht die Skala. Ein weiterer Aspekt dieser Dynamik ist es, dass die beim Modellgebrauch stets vorhandene Dialektik zwischen Differenz und Indifferenz bei längerer Verwendung der Analogie verschwindet. Forschung und Öffentlichkeit tendieren dann dazu, Ähnlichkeiten als Identitäten auszulegen. Was ursprünglich wegen bestimmter struktureller oder funktioneller Übereinstimmungen als ein in bestimmten Hinsichten adäquates Modell für ein Anderes verstanden wurde, wird im Nachhinein mit diesem gleichgesetzt.

Wichtig ist darüber hinaus, dass die Verwendung von Analogiemodellen stets im Kontext komplexer Sprachspiele erfolgt und vor diesem Hintergrund betrachtet werden muss. Ein weiteres historisches Beispiel mag dies verdeutlichen. Einen auffallenden Wandel des Modells »Maschine« findet man bei Emil Du

Bois-Reymond. In seinem Vortrag *Über die Grenzen des Naturerkennens* (1872, Du Bois-Reymond 1961, 21) bezieht er sich auf den Zusammenhang zwischen Lebewesen und Maschine. Er hebt hervor, dass sowohl Lebewesen als auch Maschinen in »lauter ähnliche Werkstücke« spaltbar seien. Sein Maschinenmodell erfüllt damit die Funktion, eine bestimmte Organisationsform von Lebewesen zum Ausdruck zu bringen. Dabei wird die aus der Annahme von Elementarorganismen – so verstand man die Zellen nach der *Cellularpathologie* von Rudolf Virchow (1821-1902; Virchow 1966, 3) – resultierende Kritik der bisherigen Vorstellungen vom biologischen Individuum geltend gemacht. In einem späteren Abdruck des Vortrags (Du Bois-Reymond 1912, I, 450 f.) ist die diesbezügliche Textpassage allerdings in wesentlichen Anteilen verändert. Die Metapher der Maschine wird nun erweitert durch das Konzept »Fabrik«. Du Bois-Reymond betont, Bauwerke und Kristalle besäßen die gemeinsame Eigenschaft, aus lauter ähnlichen Teilen gefügt zu sein und ließen sich problemlos in diese Teile aufspalten. Ein Organismus hingegen gleiche bezüglich seiner zusammenhängenden Organisation einer Fabrik. Diese Erweiterung der Metapher erfolgt im Zuge einer Umdeutung des Individuumkonzepts (vgl. Kap. 6). Was zunächst negiert wurde, wird in der zweiten Fassung zugestanden: Lebewesen können unter bestimmten Hinsichten als Individuen aufgefasst werden.

Wie komplex das Gefüge dieses Sprachspiels ist, zeigt sich, wenn man die historischen Hintergründe des von Du Bois-Reymond (1961, 20) ebenfalls angeführten *Kristallmodells* in die Analyse einbezieht. Dieses zweite sprachliche Analogiemodell für Organismen entstammt der anorganischen Sphäre. Es drückt wie das Maschinenmodell Regularität und Ordnung aus. Allerdings stellt sich diese Ordnung im Fall des Maschinenmodells als technische Funktionalität dar. Für das zielgerichtete Zusammenwirken von heterogenen Teilen bietet es anstatt der bisherigen teleologischen nun eine technologische Erklärung. Im Fall des Kristallmodells hingegen ist Ordnung eher als Homogenität gefasst, und das Moment der strukturellen Selbstähnlichkeit wird hervorgehoben. Allerdings ist durch Bezug auf das Kristallwachstum auch ein Moment der Dynamik gegeben. Es bringt zum Ausdruck, dass die betrachtete Ordnung allein auf natürliche Kräfte zurückgeführt werden kann und keine Frage nach einem Konstrukteur evoziert. Aus diesem Grund wird dieses Modell auch im Kontext der aktuellen Theorien zur Selbstbildung natürlicher Systeme wieder bedeutsam (Haraway 1976). Erneut ist mit dem Kristallmodell eine antiteleologische Note verbunden, da Ordnung auf die grundlegenden Kräfte und Gesetze von Physik und Chemie zurückgeführt wird.

Auch dieses Modell besitzt eine lange Verwendungsgeschichte (Köchy 1997, 128 ff.; Köchy 2000, 114 f.). Es wurde in der Biologie vor allem mit der Zellentheorie von Theodor Schwann (1810-1882) und Matthias Jacob Schleiden (1804-1881) populär, welche die Zellbildung mit einer Kristallisation vergleicht. Theodor Schwann (1839, Schwann 2003, 114 ff.) weiß allerdings über die Unterschiede in der Art und Organisation des Wachstumsverlaufs zwischen Modell und Original. Er verwendet deshalb die Kristallisationsanalogie nur unter dem allgemeinen Gesichtspunkt der Formbildung als einen »Leitfaden für neue Untersuchungen«. Für ihn handelt es sich um eine Hypothese, die eine Basis für neue Versuche bildet. Zellwachstum wird dabei wie eine Kristallbildung unter Flüssigkeitsaufnahme (»Imbibition«) behandelt. Allerdings hatten Schwann und Schleiden ihre theoriekonstituierenden Beobachtungen am falschen – weil atypischen und damit zur Verallgemeinerung ungeeigneten – Beobachtungsobjekt gemacht. Sie konzentrierten sich auf denjenigen Teil der Pflanze (den Pollenschlauch), von dem sie die größte Entwicklungsleistung erwarteten. Dieses heuristisch sinnvolle Vorgehen führte jedoch zum falschen Untersuchungsobjekt. Wie man heute weiß, unterscheidet sich die »freie« Zellbildung von Pollenschlauch und Embryosack deutlich vom Normalfall der Zellvermehrung. Auch wegen der Mängel der histologischen Präparations- und Färbetechnik interpretierte man die Abläufe der freien Zellbildung durch die (falsche) Annahme, die Zelle bilde sich um den Kern herum. Vor dem Hintergrund einer mechanistischen Naturphilosophie setzte man als »physikalische« Erklärung der Wachstumskräfte deshalb auf die Kristallisationsanalogie (Sander 1989).

Durch die Untersuchungen von Albert Kölliker (1817-1905) wurde dann jedoch die bereits von Hugo von Mohl (1805-1872) um 1835 postulierte Theorie der Zellteilung gestärkt. Die Zweifel am Kristallmodell wuchsen. Mit sinkender Überzeugungskraft der Analogie und der mit ihr verbundenen Theorie vom Zellwachstum veränderte sich bezeichnenderweise – eine Bestätigung für Flecks Theorie der Beobachtung – auch die Deutung der Wahrnehmung und Beobachtung. Carl Nägeli (1817-1891) schreibt 1846, er habe zur Blütezeit der Kristallisationsanalogie tatsächlich den Eindruck gehabt, die Zellbildung um den Kern direkt im Mikroskop beobachten zu können. Nun finde er allerdings keine Zustände mehr, die mit Schleidens Darstellung übereinstimmten. Vor dem Hintergrund dieses Wandels erklärt sich dann auch die Dynamik der Maschinenmetapher bei Du Bois-Reymond. Die Vorstellung vom einfachen kristallartigen Wachstum, die Organisation eines organischen Systems nach dem Muster eines simplen kristallinen Baukastensystems, hatte ihre wissenschaftliche Überzeugungskraft verloren. Du Bois-Reymond baute deshalb die technische Metapher der Maschine aus und setzte fortan auf das komplexe und integrative System »Fabrik«, um den Zusammenhang der Teilfunktionen in Organismen deutlicher herauszustellen.

Knüpft man trotz dieser Einwände an das Analogiemodell »Kristall« an, dann eröffnet sich jedoch eine systematische und historische Verbindung zur heutigen Molekularbiologie. Einen Meilenstein der aktuellen Konzeption bildet Erwin Schrödingers (1887-1961) Essay *Was ist Leben?* (Schrödinger 1951; Murphy, O'Neill 1995). Während Schwann Zellen als imbibitionsfähige Kristalle konzeptualisiert, bezeichnet Schrödinger Gene als »aperiodische Kristalle« (Schrödinger 1951, 12 und 86). Diese Verschiebung des mit der Analogie Bezeichneten bringt zum Ausdruck, dass sich die Vorstellung von letzten Lebenseinheiten von der Ebene der Zelle auf die der Gene verlagert hat (Fischer 1988, 79). Auch Schrödingers Kristallanalogie steht im Kontext eines umfassenden Sprachspiels oder Forschungsprogramms. Ein maßgeblicher Bezugspunkt ist das »Delbrück-Modell« der Erbsubstanz, das Max Delbrück (1906-1981) in der gemeinsam mit Nikolaj Timoféeff-Ressovsky (1900-1981) verfassten Arbeit *Über die Natur der Genmutation und der Genstruktur* (1935) entworfen hat. Eine weitere Referenz ist die von Wendell Stanley 1936 beschriebene Kristallisation des Tabakmosaikvirus – von Stanley als »lebendes Molekül« interpretiert. Schrödingers Vorstellung verweist so auf die Kontextrahmen des Delbrück-Programms, bis hin zu der späteren Ausformung der Phagen-Gruppe in den Cold-Spring Harbor Laboratorien (Rheinberger in Jahn 2000, 648). Berücksichtigt man zudem die ursprüngliche Motivation Delbrücks, dann steht der gesamte Ansatz im Zusammenhang mit den philosophischen Ideen Niels Bohrs (1885-1962). Hier eröffnet sich eine Verbindung zu einem philosophischen Grundlagenstreit um verschiedene methodische Standpunkte, die zur Erklärung des Lebensgeschehens eingenommen werden können. Bohr hatte in seinem Kopenhagener Vortrag *Licht und Leben* (1932) die Idee der Komplementarität eingesetzt, um eine Vermittlung zwischen der physikalistischen und der vitalistischen Position aufzuzeigen. Er hatte darauf verwiesen, dass die Bedingungen des Lebendigen insofern besonders seien, als eine Untersuchung von Organismen auf der Ebene von Atomen die Lebensfunktionen zerstören müsste (vgl. Kap. 5 und 7). Delbrück sah sein eigenes Programm als den Versuch, mittels eines elementaristisch-reduktionistischen Ansatzes die Analyse des Lebendigen so weit voranzutreiben, bis dieser Rückgriff auf Bohrs Komplementarität unvermeidlich würde. Vergleicht man den methodischen Standpunkt von Delbrück etwa mit dem der Genetikerin Barbara McClintock (Fischer 1988, 91), dann stehen sich auch hier die physikalische Außenperspektive Delbrücks und die von McClintock favorisierte methodische Einfühlung gegenüber.

Berücksichtigt man schließlich Lily E. Kays Metaphernanalyse (Kay 2001), dann steht auch das molekularbiologische Kristallkonzept in direkter Beziehung zur Metaphorik des Maschinellen. Allerdings übernehmen nun Analogien aus der Computer- und Informationstechnologie die Hauptrolle. Das Ablesen der genetischen Information (Transkription), die Übertragung im Zuge der Proteinbiosynthese (Translation) oder die Auffassung von der genetischen »Information« sind Beispiele für dieses neue Metaphernfeld. Hinsichtlich des Begriffs der genetischen »Information« hat Peter Janich (2001) gezeigt, dass dessen Geltung nur dann adäquat gewürdigt werden kann, wenn man den praktischen Kontext der Genese berücksichtigt. Dieser praktische Kontext ist zunächst durch das Züchtungswissen von Mendels Ansatz gegeben. Bestimmte Ansprüche an Wissenschaftlichkeit werden schon hier kanonisiert (experimentelle Reproduzierbarkeit, Allgemeingültigkeit, Mathematisierung). Diese tradierte und empirisch hinreichend verlässliche Praxis bildet für die Molekularbiologie das neue Erklärungsbedürftige, das nun mittels gewandelter technologischer Kontexte (wie denen der Gentechnologie) auf einer »tieferen« Ebene kausal erklärt werden soll. Auch die Geltungsansprüche des Konzepts »Information« sind also nur vor dem Hintergrund des molekularbiologischen Forschungsprogramms verständlich. Das methodologisch sinnvolle reduktionistische Vorgehen geht dabei notwendig mit Ausblendungen einher. Im Fall des Begriffs »genetische Information« manifestieren sich diese darin, dass gerade nicht eine Form von Information gemeint ist, wie sie im kulturellen Kontext ethischer, rechtlicher oder sozialer Fragen zu verhandeln wäre. Was damit gemeint ist, zeigt die Studie von Kay. Sie kann nachweisen, dass die gesamte Metaphorik des Schreibens zwar in der antiken Tradition eines Sinnkonzepts des »Buchs der Natur« zu stehen *scheint*, historisch gesehen jedoch in einem Kontext entstanden *ist*, der explizit auf Sinnfreiheit angelegt war. »Information« wird damit zur Metapher einer Metapher (Kay 2001, 19). Der für die Genetik zentrale Begriff der Information stammt aus der Forschung zur Kybernetik und Informationstechnologie, die Informationsmengen unter Absehung aller semantischen Gehalte bestimmen. Das bedeutet, dass – im Gegensatz nicht nur zum ethisch relevanten Sprachgebrauch – im genetischen Kontext insbesondere die Frage nach dem Sinn oder der Bedeutung von »Information« systematisch ausgeblendet wurde.

Die Ausrichtung des biowissenschaftlichen Gebrauchs der Metapher »Information« und ihre Stellung im Rahmen der klassischen Fragen nach den Prinzipien des Lebendigen macht vor allem die These eines der Gründerväter der modernen Genetik deutlich: Für François Jacob (2002, 10) ersetzt das Konzept des genetischen Programms alte finalistische Erklärungen und tritt damit direkt an die Stelle des aristotelischen Konzepts vom Lebendigen. Demnach wird in der modernen Genetik das aristotelische Modell der form- und sinngebenden Seele durch die aus der Computertechnologie stammende Metapher des »Programms« ersetzt (vgl. auch Rehmann-Sutter 2005, 44 ff.). Betrachtet man nun diese Metapher und den mit ihr verbundenen Anspruch, dann muss man angesichts der jüngsten Entwicklungen in der Genomforschung allerdings zu einer modifizierten Sicht der Dinge kommen. Die Behauptung einer Ablösung der über die *anima* zum Ausdruck gebrachten Vorstellung von ganzheitlicher Organisation durch das neue elementaristische Modell des molekularen »Codes« ist angesichts der Erkenntnisse über das Vererbungs-, Entwicklungs- und Organisationsgeschehen zu relativieren (Köchy 2003). Eine der zentralen Einsichten der bisherigen Genomforschung ist es, dass das adäquate Verständnis der Funktion erst jenseits der bloßen Auflistung der linearen Abfolge von Basen beginnt (Morange 2003). Wenn es nicht nur um die Aufklärung der *Struktur* des Genoms geht, sondern um dessen *Funktion*, dann verlagert sich die Aufmerksamkeit auf die Aktivität des genetischen Materials, und die Bedeutung »epigenetischer« Faktoren im Vererbungsgeschehen wird unübersehbar. Seine spezifische Funktion entfaltet das Genom nur in Wechselwirkung mit dem Proteom, den durch das Genom bestimmten Eiweißstoffen, sowie einer Vielzahl weiterer Faktoren. Das Entwicklungs- und Differenzierungsgeschehen basiert demnach auf der spezifischen Regulation der Genaktivität durch epigenetische Kontrollsysteme, die von der frühen Embryogenese an die differenzierte Ablesung der genetischen »Information« beeinflussen (Pennisi 2001). Nicht die lineare Abfolge von Nukleotiden ist bedeutsam, sondern das dynamische und komplexe Muster der Genexpression. Es ist die Aufgabe des genetischen »Programms«, biologische Systeme hervorzubringen, die eine optimale Vervielfältigung des »Programms« ermöglichen. Somit gehören Plan und Ausführung unmittelbar zusammen, wobei sich die Bedingungen in Lebewesen wesentlich von allen zur Analogisierung herangezogenen Systemen aus der Maschinenwelt des Computers unterscheiden. In dieser Krise der »Programm-Metaphysik« (Rehmann-Sutter 2005, 75) wird der aristotelische Gedanke des In-Form-Bringens wieder attraktiv. Die ontologisch privilegierte Stellung der DNA wird durch die Einsicht in das multifaktorielle Netzwerk der Relationen in den Zellen relativiert. Genetische Information ist dann nicht immer schon da, sondern sie entsteht vielmehr im Kontext des Organisationsprozesses.

Das Paradigma dieser Gestalt- und Musterbildung in Selbstorganisationsprozessen ist heute vor allem der Modellorganismus Hydra, der regenerationsfähige Süßwasserpolyp (Gierer 1988, 129 ff.). Beim Süßwasserpolypen sind bis auf wenige Ausnahmen alle Einzelzellen des Organismus in der Lage, sich aus dem spezialisierten Zustand zurückzuentwickeln, um sich dann neu zu differenzieren. Diese Rückverwandlung in den embryonalen Zustand und die Neubildung von spezialisiertem Gewebe sind die Basis für die Regenerationsleistungen der Polypen. Sie prädestinieren diese Lebewesen als Modellorganismen für die morphogenetische Forschung. Nimmt man erneut den Standpunkt der historisch sensiblen Biophilosophie ein und verfolgt die historische Genese dieses dritten Modellsystems, des *Polypenmodells*, dann wird die enge Verbindung zwischen *Modellorganismus* und *Organismusmodell* deutlich. Zudem wird das netzartige Bezugssystem zwischen Modellen, Techniken und Theorien in der Biologie erkennbar, und die philosophische Einbindung empirischer Daten wird augenscheinlich. In diesem dritten Fall haben wir es mit einem Modell aus der Sphäre lebender Systeme zu tun, das nunmehr auf andere Bereiche transferiert wird. Die Analogie bringt vor allem die Selbstbildungsfähigkeit lebender Systeme zum Ausdruck (Selbstorganisation, Autoreparatur). Sie repräsentiert zudem die Autonomie des Organischen und ein spezielles Wechselverhältnis von Teilen im Systemganzen. Setzen wir also auf der literarisch-philosophischen Seite des Modelltransfers an: In seinen Briefen *Über die ästhetische Erziehung des Menschen* (1795) sucht der Dichter Friedrich Schiller (1759-1805) nach der idealen Staatsform zwischen dem dogmatischen Absolutismus und dem anarchischen Chaos. Im fünften Brief wählt er für die ideale Organisationsform der griechischen Staaten den Begriff »Polypennatur«. Er nimmt damit Bezug auf ein verbreitetes zeitgenössisches Organismusmodell (Köchy 2003b, 508 ff.). Empirische Basis dieses Modells sind die Forschungen Abraham Trembleys (1710-1784). Dessen Monografie *Mémoires pour servir à l'histoire d'un genre de polypes d'eau douce* (1744, Trembley 1986) hatte europaweit Aufsehen erregt und eine Debatte über die Gesetze der Entwicklung von Lebewesen ausgelöst. Dabei war die Biologie ebenso involviert wie die Philosophie und die Literatur.

An diesem dritten Beispiel lassen sich abschließend die vielfältigen kontextuellen Momente der sprachlichen Analogiemodelle bündeln. Analogiemodelle gewinnen ihre Bedeutung stets in einem spezifischen historischen Kontext. Obwohl Trembley seine Ausrichtung auf Tatsachenfragen unterstrich, sind bereits für seine Forschungen vielfältige biografische, historische und philosophische Faktoren relevant. Ohne diese kulturelle Matrix ist Trembleys Forschung in ihrer breiten öffentlichen Resonanz nicht verständlich (Baker 1952; Roe 1981; Dawson 1987; Querner, Jahn 2003). Das auslösende Moment für Trembleys Schlüsselexperimente war eine generelle Frage, die sowohl biologische als auch philosophische Implikationen besitzt. Für Trembley galt es zu klären, ob es sich bei den Polypen um Pflanzen oder Tiere handelte, denn deren seltsame Kombination von pflanzlichen und tierischen Eigenschaften machte eine eindeutige Zuordnung schwierig (Trembley 1986, 4 ff.). Die Bedeutung dieser

Frage ergibt sich jedoch erst vor dem ideengeschichtlichen Horizont und angesichts der klassischen Vorgaben des Stufenkonzepts der *Scala naturae*, speziell der von Leibniz propagierten Idee einer kontinuierlichen Kette der Lebewesen und der zu deren Bestätigung angestellten Untersuchungen zur Fortpflanzung von Tieren und Pflanzen. Trembleys Hypothese, eine Regeneration des Polypen nach seiner Zerteilung stelle ein untrügliches Zeichen für dessen »Pflanzlichkeit« dar (ebd., 7), dürfte darüber hinaus aus dem praktischen Wissensschatz des Garten- und Obstbaus stammen. Als Folge dieser Hypothese entwickelte Trembley ein umfangreiches Experimentalprogramm aus Teilungsversuchen mittels Haarschlingen. In Kombination mit zusätzlichen Transplantationsexperimenten (ebd., 141 ff.) konnte er aus einem einzelnen Polypen bis zu fünfzig »Kopien« herstellen. Er konzipierte damit nicht nur eines der ersten entwicklungsbiologischen Forschungsprogramme, erzeugte die ersten experimentellen Klone von tierischen Lebewesen und entwickelte die erste Vitalfärbung von Geweben, sondern er provozierte auch eine ganze Reihe neuer biophilosophischer Fragen.

Der Polyp konnte einerseits als Modellfall für die Autonomie, Plastizität und Regenerationsfähigkeit von Lebewesen gelten, und andererseits belegten Trembleys Experimente die Leistungsfähigkeit der experimentellen Methode der Biologie. Es ist diese Ambivalenz zwischen der Bestätigung des auf Manipulation angelegten experimentellen Forschungsprogramms und der sich als Plastizität äußernden organismischen Beharrungskraft, die die umfängliche Rezeption von Trembleys Befunden beförderte. Der Polyp avancierte zum Paradigma für die später von Kant konstatierte Wechselbeziehung von Teil und Ganzem in Organismen. Für die Verbreitung dieser Idee und deren Übertragung auf andere Systeme, die aus autonomen Gliedern bestehen (bei Schiller die ideale Gemeinschaft freier Individuen), war zudem eine ganze Reihe weiterer Debatten verantwortlich, die sämtlich auf der Grenze zwischen Philosophie und Biologie anzusiedeln sind. Zu nennen wäre erstens die Auseinandersetzung in der Entwicklungslehre zwischen den Schulen der Epigenetiker und der Präformisten (vgl. Kap. 1). Hier ging es um die Klärung der Bedingungen von Schöpfung und Entwicklung in der Natur sowie um die Gesetze organischer Wandlung. Die Regeneration der Polypen belegte eine Möglichkeit zur Neubildung von Lebewesen, die der präformistischen These von der Präexistenz widersprach und dem epigenetischen Entwurf Gewicht verlieh. Auf der anderen Seite stimmten der homogene Aufbau der Polypen bzw. die gerade nicht sexuell erfolgende Regeneration auch mit dem Präformationsgedanken überein. Zum philosophischen Rahmen gehörte zweitens die Frage nach der Organisation des Lebensreichs insgesamt. Versteht man Polypen als »Zoophyten« (Zwischenform von Tier und Pflanze), dann bildet der Polyp einen Schlüsselbefund im Programm zur Legitimation von Leibniz' Idee der Kette der Lebewesen (Lovejoy 1985). In enger Beziehung dazu steht drittens der Streit um die vitalistische oder materialistische Erklärung des Lebens. Wie das Maschinen- und Kristallmodell ist auch das Polypenmodell in spezifische naturphilosophische Entwürfe eingebunden. In diesen Zusammenhang gehört viertens auch der Streit um die Existenz organischer Elementarglieder. Einige Interpreten deuteten den Polypen als ein Behältnis für eine Gemeinschaft unendlich kleiner Tiere. Darüber hinaus bestehen fünftens Verbindungen zur Debatte um die besondere Struktur lebender Systeme. Trembleys Versuche belegten nicht nur einen speziellen Modus tierischer Fortpflanzung; sie zeigten auch, dass die Systemorganisation von Lebewesen durch ein spezifisches Wechselverhältnis von Ganzem und Teilen gekennzeichnet ist. Dass jeder Teil zum Ganzen werden konnte, widersprach dem Maschinenmodell der Cartesianer, nach dem der Apparat bei Zerteilung seine Funktion verlieren müsste. Trembleys Befunde belegten hingegen eine selbstorganisierende Kraft von Organismen. So erklärt sich, dass gerade La Mettrie (1984), mit seiner speziellen Lesart der Maschinenanalogie im Sinne des Selbstorganisationsgedankens, von Trembleys Entdeckungen beeinflusst wurde. Die Debatte um das Maschinenmodell leitet sechstens zu dem nun genuin philosophischen Themenfeld der Leib-Seele-Problematik über. Diesen Aspekt der Rezeption prägten vor allem die biophilosophischen Werke von Charles Bonnet (1720-1793). Mit den beiden letzten Punkten gerät schließlich auch der philosophisch-theologische Fragehorizont in den Blick, der mit dem physikotheologischen *argument from design* – der Annahme eines göttlichen Schöpferplans – verbunden ist.

5. Experimente

In den Erörterungen der vorangehenden Kapitel wurde deutlich, dass die Empirie in der Biologie eine hervorragende Rolle spielt. Auch wurde erkennbar, dass – entgegen der Einschätzung einer physikalisch ausgerichteten Wissenschaftsphilosophie – die Biologie eine Experimentalwissenschaft ist und ein Großteil ihrer Erfahrung im Labor gemacht wird. In dieser »gesteigerten« Umwelt werden biologische Objekte einem Forschungsverfahren der Intervention unterzogen. Sie werden allen nur möglichen Eingriffen und Manipulationen ausgesetzt. Wir werden sehen, dass gerade in dieser Sphäre des aktiven Eingriffs neben den Momenten der konstruktiven Gestaltung und Formung auch die Momente der Resistenz und des Scheiterns manifest werden. Zwar macht die unter bestimmten Zielvorstellungen konzipierte Methode den Gegenstandsbereich als solchen überhaupt erst zugänglich, und insofern löst die experimentelle Methode das biologische »Objekt« aus der diffusen und unübersehbaren Fülle des Gegebenen allererst heraus (Köchy 1999, 66 f.). Andererseits ist jedoch gerade in der Sphäre des Eingriffs die im zweiten Kapitel beschriebene »Widerständigkeit« besonders bemerkbar. Die im Trial-and-error-Verfahren entwickelten experimentellen Ansätze können deshalb als Reaktionen auf die Bedingungen des Objektbereichs verstanden werden. Zwischen Methode und Objekt lässt sich gerade im Bereich des experimentellen Handelns eine koevolutive Entwicklung aufweisen.

Bevor wir auf die Details der methodologischen Sphäre biologischer Experimente eingehen, sei zunächst herausgestellt, dass die Betonung des Experiments und die Untersuchung seiner Bedingungen eine wissenschaftsphilosophische Novität darstellen. In der klassischen theoriezentrierten Wissenschaftsphilosophie wird das Experiment wie die Beobachtung als gegebene Ausgangsbasis unterstellt und findet methodologisch kaum Beachtung. Hier tradiert sich die antike Einschätzung, wonach praktische Handlungen in die Sphäre der Kunstfertigkeit und Gewohnheit fallen. Sie haben mit naturwissenschaftlichem Prinzipienwissen nicht viel zu tun. Trotz eines grundsätzlich gewandelten Verständnisses des naturwissenschaftlichen Verfahrens seit der Frühen Neuzeit prägt diese Überzeugung bis heute das Bild von der Naturwissenschaft. Typisch für diese theorienzentrierte Sichtweise innerhalb der Wissenschaftsphilosophie des 20. Jahrhunderts ist Poppers Programm. Es bleibt trotz der betonten Ausrichtung auf die Methodik der empirischen Wissenschaften letztlich eine Logik der Forschung. So machen die wenigen diesbezüglichen Überlegungen Poppers deutlich, dass für ihn der gesamte Experimentalvollzug – von der Planung des Versuchs bis zu den letzten Handgriffen – unter der Ägide der Theorie steht (Popper 1994, 71 ff.). Es ist der Theoretiker, »der dem Experimentator den Weg weist«. Letztlich erfüllt damit die Theorie (und nicht das Experiment) die Rolle eines Werkzeugs. Wir erproben Theorien durch Anwendung und entscheiden über deren Zweckmäßigkeit im Zuge dieser Anwendung. Für Popper ist das Resultat des Experiments lediglich eine Antwort auf die Tatsachenfrage und kann in einer auf die Geltungsfrage ausgerichteten Wissenschaftsphilosophie nur die Rolle einer kritisch zu hinterfragenden und systematisch zu begründenden »Behauptung« spielen. Die experimentelle Behauptung stellt zwar die Basis der wissenschaftlichen Erkenntnis dar, ist aber eben doch nur eine Basis, die schwankt.

Mit dieser theoriezentrierten Deutung des Experiments und dem instrumentellen Verständnis der Theorie besitzt Poppers Überlegung eine enge Verwandtschaft zu den pragmatisch ausgerichteten Wissenschaftsphilosophien des ausgehenden 19. Jahrhunderts. Auch diese hatten die Rolle des Experiments betont, es jedoch ebenfalls als theoretischen Akt verstanden. So setzte der Pragmatist Charles Sanders Peirce seine auf den Nutzen ausgerichtete Konzeption von Philosophie und Wissenschaft in Analogie zur experimentellen Methodik des Labors (Peirce 1991b, 427 ff.). Für ihn sind Theorien Instrumente, denen nur insofern Relevanz zukommt, als sie praktische Überzeugungen darstellen. Umgekehrt ist der Experimentalvollzug eine *theoretische* Aktivität. Es handelt sich um eine »Denkoperation« (ebd., 437). Eine entsprechend den Maximen von Peirce verfahrende Wissenschaftsphilosophie müsste deshalb nicht die technischen und laborpraktischen Bedingungen des Experiments untersuchen, sondern den *rationalen Bedeutungsgehalt* experimenteller Phänomene. Die einzelnen Handlungen im Labor, die mit ihnen erzeugten und beobachteten Einzelphänomene sowie der Kontext der Genese des Experiments gehörten nicht in das Aufgabenfeld dieser Wissenschaftsphilosophie.

Ähnlich sieht es auch der bereits im zweiten Kapitel erwähnte Pierre Duhem. Für ihn stellt sich die Frage nach dem Charakter eines physikalischen Experiments mit der Aufgabe, den Status der physikalischen *Theorie* zu bestimmen. Das Ziel einer jeden Theorie ist demnach die Darstellung experimenteller Gesetze. Wieder erweist sich das Experiment als theoretischer Vollzug. Es handelt sich um die mit einer Interpretation verbundene genaue Beobachtung einer Gruppe von Erscheinungen (Duhem 1978, 192). Wie mit der Bezugnahme auf die Beobachtung der Charakter des Experiments als praktischer Eingriff unterschlagen wird, so wird mit der Betonung der Interpretation das theoretische Moment des Experiments überbetont. Ein Experiment stellt sich für Duhem als Beobachtung theoretischer Tatsachen dar. Dem Laien sind diese Tatsachen nicht unmittelbar zugänglich. Nur der Experte ist in der Lage, die abstrakte Terminologie des Labors und die Theorie der Instrumente zu verstehen, die zur Erzeugung von theoretischen Tatsachen notwendig sind (ebd., 200). So muss zwischen Ausführung und Resultat eines Experiments eine komplexe intellektuelle Arbeit stattfinden, die den Bericht über konkrete Tatsachen in ein abstraktes Urteil überführt. Die Bedeutung dieser intellektuellen Operation erstreckt sich weit über die theoretische Formulierung des Resultats hinaus. Sie betrifft auch die praktischen Mittel – die Instrumente, Apparate und Techniken. Letztlich ist für Duhem deshalb nicht das materielle, konkrete Instrument wichtig, sondern ein ideales und symbolisches Instrument. Aus diesem Grund können Experimente nach Duhem auch nicht die falsifizierende Funktion erfüllen, die ihnen Popper später zuschrieb. Im Fall eines Widerspruchs zwischen Theorie und Experiment stellt sich vielmehr die nicht triviale Frage nach der Dignitität des experimentellen Verfahrens. Diese ist dann nur auf der Basis einer Expertenkenntnis über die theoretischen Vorgaben adäquat zu beantworten (ebd., 212ff.).

Wir hatten schon im dritten Kapitel darauf verwiesen, dass diese auf die Physik fokussierte Betrachtung zu sehr vom Idealbild eines mathematischen Gegenstandes bestimmt ist. Sie wird den Realbedingungen in der Biologie nicht gerecht. Mit dem mathematisch-physikalischen Vorbild geht im Fall des Experiments offensichtlich auch ein Verständnis einher, das dessen *eingreifende* Komponente unterschlägt. Diese ist jedoch vor allem für das biologische Labor nicht auszublenden. Der erste Wissenschaftsphilosoph, der dieses Moment herausstellte, war deshalb ein Physiker, der ein besonderes Interesse für die Biologie besaß. In seinem Buch *Erkenntnis und Irrtum* (1926) hat Ernst Mach (1838-1916) eine aufschlussreiche Liste von Merkmalen der experimentellen Tätigkeit zusammengestellt (Mach 2002, 180 ff.). Die wichtigste Neuerung gegenüber den vorherigen Ansätzen ist, dass Mach von einer Fundierung des experimentellen Handelns in den biologischen Bedingungen tierischer Existenz ausgeht. Das Experiment gründet im biologischen Verhalten und stellt ein selbsttätiges Aufsuchen neuer Reaktionen dar. Ein »instinktives Experimentieren« gehört zum biologischen Erbe des Menschen. Diese Einbindung in die Erfahrungswelt ist es, die das wissenschaftliche Experimentalverfahren einer Variation von Bedingungen überhaupt erst ermöglicht. Dabei soll im Experiment die Abhängigkeit oder Unabhängigkeit der Elemente einer Erscheinung untersucht werden. Da jedoch die einzelnen Elemente der Natur niemals wirklich isoliert vorkommen, sondern stets in komplexen Verbindungen stehen, wäre die Zahl der im Versuch zu erprobenden Kombinationen extrem hoch. Eine systematische Umsetzung dieser Aufgabe in endlicher Zeit wäre unmöglich. Die Tatsache, dass dennoch erfolgreich experimentiert wird, ist nach Mach durch die »Intuition« des Forschers begründet, deren Basis die biologische Verfasstheit und die lebensweltliche Erfahrung ist. Mit dieser Überlegung liefert Mach auch eine probate Erklärung für die bereits erwähnte Bedeutung der »Vertrautheit« im Umgang mit Modellorganismen. Neben dem Hinweis auf die psycho-biologische Rückbindung von Experimenten kann man Machs Analysen aber zudem eine Vielzahl methodischer Merkmale des experimentellen Vorgehens entnehmen.

Auf die Sphäre der intuitiven Einbettung der experimentellen Methode und die Aspekte der Virtuosität und Vertrautheit zielt auch Hans-Jörg Rheinbergers (2001) Forschung zur Geschichte und Theorie biologischer Experimentalsysteme. Statt formaler

Analysen zum Geltungszusammenhang rückt dabei die inhaltliche Konkretion der Genese von Experimentalsystemen in den Fokus der Untersuchung – bzw. macht es aus der neuen Perspektive kaum noch Sinn, zwischen dem Entdeckungs- und dem Rechtfertigungszusammenhang zu unterscheiden (Rheinberger, Hagner 1997). Bei dem detaillierten Blick auf die historischen Bedingungen von Experimentalsystemen in der Biologie wird erstens deren hybrider Charakter deutlich, ihre stets fluktierende Zusammensetzung aus heterogenen Elementen. Forschungsobjekte, Theorien, Experimentiervorrichtungen, Instrumente, disziplinäre, institutionelle, soziale und kulturelle Dispositive bilden ein Amalgam wechselwirkender Faktoren. Damit erweisen sich zweitens selbst die Schichtenmodelle des Ineinandergreifens von Theorie, Experiment und Instrumentenbau (vgl. Kap. 6) als zu idealisiert. Gerade in der Biologie fehlen hierarchische Beziehungen und wohlbestimmte eigenständige Traditionen von Theorie und Experiment (ebd., 18). Will man in diesem Nexus eine kleinste Arbeitseinheit ausweisen, dann ist man auf die »Experimentalsysteme« verwiesen. Diese können jedoch nicht mehr als Mechanismen zur Überprüfung von Theorien verstanden werden, sondern sind Arrangements zur »Materialisierung von Fragen« (Rheinberger 2001, 22). Der Forschungsvollzug selbst und seine kontextuellen Bedingungen rücken damit im Sinne Flecks in den Vordergrund und eröffnen den Werkstattcharakter des Labors. Eindeutig auf die Erforschung des bisher Unbekannten gerichtet, ist die experimentelle Forschung nicht mehr durch Theorien vorbestimmt. An die Stelle der Vorbilder begrifflicher Klarheit nach Art des mathematischen Kalküls treten Momente der Vagheit einer im Werden begriffenen wissenschaftlichen Erfahrung. Diesem Kontext des biologischen Experiments ist in letzter Zeit eine ganze Reihe biophilosophischer Untersuchungen gewidmet (Lange 1999; Graßhoff et al. 2000; Weber 2005).

Fasst man die gängigen Bestimmungen des Experiments zusammen, dann entsteht folgendes Bild (Köchy 2003b; Köchy 2006c, 79 ff.): Ein Experiment ist ein zumeist apparativ vermittelter künstlicher Eingriff in Naturprozesse. Es hat die Funktion, durch gezielte Eingrenzung herrschender Randbedingungen auf eine überschaubare und kontrollierbare Anzahl und durch deren künstliche Variation die komplexe natürliche Situation zu vereinfachen und zu manipulieren. Dadurch sollen die funktionellen Verknüpfungen der Einzelfaktoren erkennbar, theoretisch erklärbar, praktisch nachvollziehbar und technisch nutzbar werden. Das Experiment dient erstens der kritischen Prüfung theoretischer Entwürfe, zweitens der künstlichen Isolation von Naturfaktoren, drittens der Reproduzierbarkeit spezifischer Abläufe und Effekte sowie viertens der Manipulation und Beherrschung von Naturprozessen. Dabei unterscheidet sich das Experiment von »bloßer« Beobachtung durch seine invasive Tendenz. Es unterscheidet sich auch durch die Kontrolle, die der Experimentator im Experiment über den Gegenstand und dessen Umgebung zu gewinnen sucht.

In dieses Idealbild vom Experiment ist eine Reihe von philosophischen Vorannahmen eingeflossen. Sie betreffen sowohl den epistemischen Status des Experiments als auch den ontologischen Status des experimentell Untersuchten. Betrachtet man die Umsetzung dieser Vorgaben in *biologischen* Experimenten, dann kann man erkennen, inwiefern die Bedingungen des biologischen Gegenstandsbereichs auch die methodologische Sphäre des Experiments beeinflussen. Deswegen seien im Folgenden die Forderungen an ein typisches Experiment als Ausgangspunkt genommen, um die besonderen Bedingungen für biologische Experimente genauer zu analysieren (vgl. zum Folgenden Köchy 2006c).

Separation und Ganzheit

Experimente folgen dem Prinzip der Separation. Man geht davon aus, dass es ohne Informationseinbuße möglich ist, eine komplexe biologische Situation im Labor zu untergliedern. Die einzelnen Elemente und Funktionen sollen entkoppelt werden. Das Experiment ist so am reduktionistischen Ideal und der analytischen Methode ausgerichtet. Man sucht eine komplexe Ausgangssituation durch Eingrenzung der Randbedingungen zu vereinfachen. Weiter nimmt man an, dass die Reaktion der Teilsysteme in der »künstlich« isolierten und vereinfachten Situation Aussagen über deren Reaktion im ursprünglichen »natürlichen« komplexen Zusammenhang erlaubt. Dies muss zumindest dann unterstellt werden, wenn es nicht primär um Manipulation und Konstruktion im Sinne der technischen Herstellung von Artefakten geht, sondern um wissenschaftliche Erklärung und Deutung biologischer Phänomene.

Wenn man die Möglichkeiten und Grenzen der experimentellen Separierung in biologischen Experimenten abschätzen möchte und die im Zuge der Erforschung des Lebendigen verwirklichten Untersuchungsverfahren auch als Reaktion auf die Bedingungen des biologischen Gegenstandsbereichs versteht, dann ist es sinnvoll, sich diese durch die Evolution gegebenen Bedingungen in einem Punkt noch einmal vor Augen zu führen. Ein Ergebnis der Evolution ist die Ausbildung von komplex organisierten, sich selbst regulierenden und erhaltenden Biosystemen (Mahner, Bunge 1997, 141 ff.). Selbst wenn gegenüber der These vom Anstieg der Komplexität im Verlauf der Evolution zu Recht Kritik geäußert wird (Mc Shea in Hull, Ruse 1998, 625 ff.), dann ist doch allgemein anerkannt, dass Lebenserscheinungen nur dann zustande kommen, wenn bestimmte chemische Verbindungen und Reaktionen in klar umgrenzten Systemen von relativer Konstanz zusammenwirken. Diese »Biosysteme« sind zumeist in komplizierter Weise organisiert (Kremyanskiy 1974). Sie stellen Ganzheiten dar, deren Teile in ihrer Tätigkeit aufeinander abgestimmt sind (Rensch 1968, 33). Dies wird auch in kybernetischen Theorien anerkannt und nach dem Vorbild technischer Regelkreise gedeutet (Wieser 1959). Ebenso stellt die Wechselwirkung der Systemglieder in Theorien der Autopoiesis einen Grund für die Annahme einer Autonomie von Biosystemen dar (Maturana, Varela 1991, 54 ff.). Darüber hinaus gibt es Hinweise darauf, dass in Biosystemen spezifische unreduzierbare Systemgesetze gelten (Bertalanffy in Lohmann 1970, 18).

Nun bedeutet die Ganzheitlichkeit von Biosystemen keinesfalls, dass von einer prinzipiellen Unteilbarkeit von Organismen auszugehen ist. Gerade das Fallbeispiel des Polypen im letzten Kapitel zeigt vielmehr, dass die Plastizität und Regenerationsfähigkeit von Biosystemen sowie die teilautonome Funktion mancher Glieder gegen die These der Unteilbarkeit spricht. Auch fußt etwa das Programm der Molekularbiologie ja gerade auf dem Versuch, eine Erklärung der Strukturen und Funktionen von Biosystemen von der Ebene der einfachsten Glieder aus zu versuchen (elementaristischer Ansatz). Das im einleitenden Kapitel erwähnte Fehlen einer überzeugenden bottom-up-Erklärung deutet allerdings auch die Probleme eines solchen Ansatzes an. So ist angesichts des komplexen Zusammenwirkens der Systemglieder, deren hierarchischer Organisation, der Existenz spezifischer Gesetzmäßigkeiten und Phänomeneigenschaften auf verschiedenen Organisationsstufen (Weiss 1970) eine Abtrennung von Teilen aus dem Systemganzen in der Biologie niemals trivial. Dies zeigt auch unser Beispiel aus dem Bereich des *Tissue Engineering* im vierten Kapitel: Die Isolation von Zellen aus dem Gewebeverband hat massive Änderungen ihrer Funktion und Morphologie zur Folge. Um die Legitimität und die Grenzen des separierenden Ansatzes gibt es deshalb viele Debatten in Biologie und Biophilosophie (Kochanski 1979; Hoyningen-Huene, Wuketits 1989; Novartis 1998).

Trifft diese Kennzeichnung der Biosysteme zu, dann ist die Einlösung der Forderung nach Separation nicht ohne Informationseinbuße möglich. Die folgenlose Abtrennung und isolierte Betrachtung einzelner Parameter sowie deren Neukombination müssen dann in der Biologie eher die Ausnahme sein. Die Loslösung von Teilstrukturen und -funktionen aus dem Systemganzen kann vielmehr immer unerwünschte Veränderungen nicht nur des Ganzen, sondern auch des isolierten Teils zur Folge haben. Das bedeutet nicht, dass auf Trennung und Neukombination von Parametern oder auf Isolation von Systemteilen zu verzichten ist. Es bedeutet auch nicht, dass solche Verfahren niemals neue Einsichten über die Interaktion von Teilsystemen vermitteln könnten. Die Isolation von Parametern, die Setzung künstlicher Defekte, die Hinzufügung neuer Elemente oder der Austausch von Systemteilen gehören vielmehr zum gängigen Methodenarsenal vieler biologischer Subdisziplinen. In der Biologie muss allerdings stets eine Sensibilität dafür gewahrt bleiben, dass die experimentelle Separation im Labor oder im Freiland zu gravierenden Änderungen der biologischen Ausgangssituation führen kann.

Umgekehrt zeigen die erfolgreichen Verfahren immer auch die Einflüsse der biologischen Rahmenbedingungen auf. So wird es etwa dann, wenn es um die Erforschung komplexer Systemeigenschaften geht (etwa höherer Verhaltensleistungen), zunehmend schwieriger, dem separierenden Ansatz zu folgen. Auch unterliegt der bottom-up-Ansatz bei der Anwendung auf komplexe biologische Phänomene (etwa Krankheitsbilder) deutlichen Einschränkungen. So ist einerseits die Strategie des Nationalen Genomforschungsnetzes in Deutschland zwar auf die Erforschung von Volkskrankheiten von dem elementaren (genetischen) Niveau aus fokussiert (Schreiber in Ethikrat 2003, 27 ff.), muss jedoch andererseits stets berücksichtigen, dass komplexe Krankheitsbilder durch Ursachenbündel bewirkt sind. Solche Krankheiten sind nur genetisch »mitbedingt«, d.h., es kommt neben genetischen Dispositionen eine ganze Reihe von persönlich-biografischen Faktoren hinzu wie Lebensumstände, Ernährung, Umweltbedingungen. Selbst bei Beschränkung auf die genetische Ebene ist die vielfältige Interaktion zwischen vielen die Krankheit mitverursachenden Genen zu berücksichtigen.

Die Frage, welche Parameter künstlich vernachlässigt oder ausgeschaltet werden können, ist deshalb in der Biologie nie stereotyp zu beantworten. So betont Alexander Rosenberg (1985, 27), die Bedenken gegenüber der Relevanz von Laborverfahren für die natürliche Situation beruhten darauf, dass die Unkenntnis über den Grad, in welchem Experimente relevante Variablen isolieren oder aber unerwünschte Effekte auslösen, in der Biologie deutlich größer sei als in allen anderen Naturwissenschaften. Darüber hinaus ist nach unseren Überlegungen im zweiten Kapitel das Verhältnis zwischen Experiment und »Untersuchungsgegenstand« in der Biologie ein besonderes. Bemühen wir noch einmal das Beispiel von Trembleys Polypenversuchen, so zeigen diese auch, dass experimentelle Vollzüge in der Biologie mit einer Gegenreaktion der Organismen beantwortet werden können. Wir werden auf diesen Aspekt unten noch einmal zurückkommen (vgl. auch Kap. 7).

Wenn man unter technischen Zielvorgaben lediglich die experimentelle Herstellung einer künstlichen Situation bezweckt, dann kann man die Folgen des separierenden Vorgehens so lange außer Acht lassen, wie es gelingt, dieses Ziel zu erreichen. Will man etwa die Stoffwechselvorgänge von Mikroorganismen technisch nutzen, um Medikamente herzustellen, dann reicht es aus, dass die eingesetzten Mikroorganismen entweder überhaupt über die gewünschte Fähigkeit verfügen oder dass solche Fähigkeiten durch künstliche Manipulation erzeugbar sind (Aharonowitz, Cohen 1984). Als Grenze der entsprechenden Separation ergibt sich lediglich die basale Voraussetzung des Weiterlebens des eingesetzten »Biosystems«, ohne die mit dem Stoffwechsel auch die Stoffproduktion unterbliebe. Soll jedoch über die Minimalbedingung technischer Produktion hinaus eine Einsicht in die biologischen Bedingungen des Stoffwechsels gewonnen werden, dann ist dies bei prinzipieller Änderung der Ausgangslage durch den Eingriff im Experiment nicht mehr zu erreichen.

Die Separation kann sich jedoch auch so auswirken, dass die vereinfachende experimentelle Situation im Labor für die Freilandsituation nicht mehr aussagekräftig ist. Wieder kann dies sowohl unter rein wissenschaftlichen als auch unter technischen Hinsichten bedeutsam werden. Will man etwa die Abbaufähigkeiten nutzen, die einige Mikroorganismen gegenüber Kohlenwasserstoffen besitzen, um dadurch Altlasten im Boden zu beseitigen, dann kann man versuchen, im Labor mittels experimenteller Manipulation künstliche mikrobielle »Abbauexperten« zu erzeugen. Die manipulierten Organismen weisen jedoch möglicherweise nur in der besonderen Situation des Labors ihre hohen Abbauraten auf. Im mit Altlasten verunreinigten Boden hingegen stoßen sie auf ein – durch menschliche Eingriffe verändertes – Ökosystem, in dem sie gegenüber der mikroorganismischen Konkurrenz keine Überlebenschance mehr haben (Hoffmann, Viedt 1998, 72 ff.). Ebenso werden generell auch in der Ökologie – und in anderen Freilandforschungen – die Isolation und Separation von Parametern in Form von Präferenda- und Toleranzversuchen eingesetzt. Dennoch ist es bezeichnend, dass Fachvertreter betonen, es komme in der Ökologie im Gegensatz zur Physiologie nicht so sehr auf die quantitative Erfassung jeder Veränderung an, sondern vielmehr auf das Herausarbeiten einer »Gesamttendenz«. Dies sei »weniger in größtmöglicher Genauigkeit« eines Einzelversuchs als vielmehr durch große »Vielfalt von Versuchen« zu erreichen (Tischler 1993, 18).

Manipulation und Selbstorganisation

Experimente dienen der Manipulation von Naturbedingungen. Man geht davon aus, dass eine künstlich-experimentelle Manipulation möglich und im naturwissenschaftlichen Kontext sinnvoll einsetzbar ist. Ein Experiment muss dabei auch die Forderung nach Bedingungsvariation erfüllen. Der Experimentator hat die Aufgabe, die Bedingungen, unter denen das zu untersuchende Phänomen steht, künstlich zu modifizieren und zu variieren. Dadurch kann er die Gesetzmäßigkeiten der Beziehungen zwischen den einzelnen Komponenten des komplexen Geschehens erforschen. Die Variation der experimentellen Bedingungen und Abläufe bedeutet zugleich den Versuch, das gleiche Phänomen unter neuen Bedingungen zu erzeugen.

Die Rahmenbedingungen, unter denen diese Manipulation im biologischen Experiment erfolgt, werden deutlich, wenn man erneut die Eigenschaften der Biosysteme berücksichtigt. Biosysteme sind selbstorganisierend. In einigen Fällen wird ihnen auch eine Spontaneität (Gerhardt 1999, 156), ein Akteursstatus (Fox Keller 2005) oder gar eine Intentionalität zugesprochen (Proust in Perler, Wild 2005, 223 ff.). Diese Eigenschaften werden in verschiedenen aktuellen Theorien gewürdigt (Roth in Dress et al. 1986, 152 ff.; Fischer in Fischer 1993, 18 ff.; Maturana 1998, 26 ff.). Die aus der Selbstorganisation resultierende Autonomie von Lebewesen wird dabei ebenfalls immer wieder betont (Kaufmann 2000). Selbstorganisation meint jedoch zunächst nur die

Eigenschaft physikalisch-chemischer Prozesse, ausgehend von einem breiten Bereich von Anfangs- und Randbedingungen einen geordneten Zustand zu erreichen. Diese Ordnung wird nicht von außen aufgezwungen, sondern resultiert aus Eigenschaften des Prozesses selbst. Die Ordnung wird insofern »spontan« erreicht. Aus zyklischer Verknüpfung von selbstorganisierenden Prozessen resultiert dann bei einigen Systemen die Eigenschaft der Selbstherstellung. Als »selbsterhaltend« werden Systeme schließlich dann bezeichnet, wenn sie zu jeder Zeit ein zusammenhängendes räumliches Gebilde darstellen, das trotz aller Systemdynamik im Prinzip gegen Störungen von außen erhalten wird. Zudem müssen sie nach außen durch einen vom System erzeugten, aber von ihm unabhängigen Rand abgegrenzt sein. Trotz dieser Abgeschlossenheit nach außen sind alle Biosysteme materiell und energetisch im Austausch mit der Umwelt (offene Systeme). Sie besitzen eine Systemdynamik und eine innere Bezüglichkeit der Komponenten (Selbstreferenzialität). System-Umwelt-Beziehungen sind auf allen Systemniveaus relevant, jedoch je nach Organisationslevel unterschiedlich komplex. Beispielsweise ist die Selbstorganisation der Faltung der Tertiärstruktur von Proteinen u.a. vom pH-Wert und dem Salzgehalt der Umgebung abhängig, die Zusammensetzung eines Gewebes aus Einzelzellen von der Zell-Zell- und der Zell-Umgebungs-Interaktion. Im letzteren Fall sind sowohl die räumliche Anordnung von Zellen, deren Differenzierung und Genexpressionsmuster oder deren gezielter Zelltod (Apoptose) von der Mikrotextur der Zellumgebung abhängig.

Charakteristisch für die selbstorganisierenden Eigenschaften von Biosystemen ist es, dass sie aufgrund ihrer Plastizität und Regenerationsfähigkeit in der Lage sind, auf künstliche Störungen ihres Systemgefüges mit der Reetablierung der vorherigen Organisation zu reagieren. Dies zeigte etwa die Regeneration der Polypen. Die Störung durch das Experiment wird dann gemäß den Binnenbedingungen des Lebewesens beantwortet und, wenn möglich, kompensiert. In diesem Sinne sind Organismen autonome Einheiten, weil sie befähigt sind, ihre Gesetzlichkeiten oder das ihnen Eigene zu spezifizieren (Maturana, Varela 1991, 55). Hans Jonas hat dieses Faktum auf die Bedingungen gentechnologischer Experimente angewendet. Die Möglichkeit des experimentellen »Herstellens« ist demnach in der Gentechnik im Gegensatz zur üblichen Ingenieurstechnik stark eingeschränkt. Es gehe hier stets nur um »Abwandlung« bestehender Organisation, welche unter der Bedingung weiterer Lebensfähigkeit nicht unumschränkt möglich sei (Jonas 1987, 163 f.). Wir werden diesen Gedanken im Schlusskapitel noch einmal aufnehmen. Eine weitere Grenze der experimentellen Manipulation entsteht aus der Prozessqualität biologischer Systeme. Alle biologischen Strukturen und Funktionen unterliegen einem steten Wandel. Diese prinzipielle »Unumkehrbarkeit« biologischer Abläufe hat in vielen Fällen Konsequenzen für die experimentellen Eingriffe.

So schlägt die experimentelle Situation *grundsätzlich* dann um, wenn der manipulative Eingriff ein bestimmtes Ausmaß überschreitet oder essenzielle Funktionen des Lebewesens betrifft. Kann die künstliche Störung durch das Experiment nicht mehr nach den Binnenvorgaben kompensiert werden, dann wirkt sie destruktiv. Maturana und Varela (1991, 108) unterscheiden deshalb kompensierbare »Zustandsänderungen«, die ein Lebewesen ohne Veränderung seiner Organisation toleriert, von »destruktiven Veränderungen«. Im extremen Fall – wenn auch unerwünscht, da es in der Biologie zumeist um die Untersuchung lebendiger Funktionen geht – kann der experimentelle Eingriff die Veränderung des »natürlichen« Funktionsgeschehens in einem Grad zur Folge haben, der als Verlust des »Lebens« – als »Tod« – zu bezeichnen ist. Für diese Situation gibt es in anderen

Naturwissenschaften nichts Vergleichbares. Dieses Faktum war der Auslöser für die bereits erwähnten Ausführungen von Niels Bohr. In seinem Versuch *Atom and Organism* (1966, 30) knüpft der Physiker Walter M. Elsasser an diese Überlegungen an, wenn er feststellt, wir müssten die experimentellen Messungen beschränken, wenn wir die Organismen am Leben erhalten und nicht töten wollten.

Diese Konsequenz betrifft allerdings nicht nur die *experimentellen* Verfahren, sondern wegen der notwendigen invasiven und manipulativen Komponenten auch viele rein *darstellende* Verfahren. Nach unseren Überlegungen zur Beobachtung und Darstellung in der Biologie handelt es sich auch in diesem Bereich um aktive Aneignungen der Wirklichkeit. Schon Flecks Untersuchungen zur Mikroskopie in der Biologie (Fleck 1983, 65 ff.) belegen die konstruktive Qualität darstellender Laborverfahren. Für viele histologische und zytologische Techniken und Methoden ist die künstliche Separation von Subsystemen notwendig. Zudem werden Präparate chemisch fixiert, gefärbt und mittels optischer Instrumente untersucht. Die für die biologische Feinstrukturforschung essenzielle Elektronenmikroskopie führt etwa aus apparativen und präparativen Gründen zu einer Veränderung der zu untersuchenden biologischen Phänomene, die stets den Verlust der Lebendigkeit bedeutet. Dass echte Vitalbeobachtungen im Elektronenmikroskop ausgeschlossen sind, ist schon innermethodologisch »ein schwerwiegendes Hemmnis« (Sitte 1973, 14). Für den metatheoretischen Blick der Biophilosophie bedeutet es jedoch ein grundlegendes Paradoxon der Lebenswissenschaften. Neuere Techniken suchen deshalb nach Möglichkeiten der Beobachtung, Manipulation und Exploration von Strukturen und Funktionen in lebenden Systemen (in vivo).

Kontrolle und Autonomie

Die Vorstellung einer möglichen Manipulation von Naturereignissen durch das Experiment ist eng mit der Forderung nach Kontrollierbarkeit verbunden. Es wird vorausgesetzt, dass das experimentell-wissenschaftliche Vorgehen ein durchweg rationalisiertes, methodisch und systematisch geleitetes Handeln repräsentiere. Die experimentellen Handlungsmuster gelten als spezifischer Ausdruck der wissenschaftlichen Rationalität. Sie folgen einer bestimmten Handlungsordnung entsprechend vorgegebenen Zwecksetzungen. Kontrolle meint in diesem ersten Sinne den kontrollierten, systematischen Ablauf eines methodischen Verfahrens – eine Selbstkontrolle des Experimentators über seine experimentellen Handlungen. Das geglückte Experiment ist jedoch zweitens Ausdruck einer gelungenen Kontrolle über die Naturphänomene durch den Experimentator. Unter bestimmten Gesichtspunkten ist das Experiment damit das Instrument der Aneignung und Fremdbestimmung von Natur. Zudem gilt der Akt möglicher Kontrolle von Naturprozessen als Beweis für die Richtigkeit der wissenschaftlichen Hypothesen. Kontrolle in diesem zweiten Sinne bezieht sich also auf den Gegenstand der wissenschaftlichen Untersuchung und dessen Verhältnis zur Umgebung. Ein Aspekt dieser Kontrolle ist die Herstellung der künstlichen, vereinfachten und kontrollierten Umgebung des Labors. Zwischen beiden genannten Arten der Kontrolle ist zu differenzieren. Dennoch ist eine Beziehung zwischen ihnen ebenso unleugbar. Die Möglichkeit, über ein systematisches und experimentelles Vorgehen gezielt erwünschte Effekte zu erzeugen, impliziert dann gerade die Möglichkeit von Kontrolle über den Gegenstandsbereich. Nach der Deutung einiger Wissenschaftler verweist sie zudem auf die Existenz eines grundsätzlich geordneten und regelmäßigen Kausalgeschehens in der Natur. Mit der praktischen Kontrolle ist schließlich eine erhöhte Prognosekompetenz der Theorie verbunden.

Gegen den ersten Aspekt der Kontrolle als *Selbstkontrolle des Handlungsvollzugs* im Sinne alter Leitbilder von Rationalität sind bei genauer Berücksichtigung der tatsächlichen Laborvollzüge von verschiedenen Seiten Einwände formuliert worden. In seinen Untersuchungen zum Entdeckungszusammenhang der Molekularbiologie hat etwa Hans-Jörg Rheinberger (2001, 21) den Werkstattcharakter der biomedizinischen Forschung unterstrichen. Experimentalanordnungen und -vollzüge stellen für ihn keine wohldefinierten Prüfverfahren im vorab festgelegten theoretischen Rahmen dar. Angesichts der epistemischen Dynamik, der vielen Elemente der Vagheit und des Unvorhersehbaren sowie der Wechselwirkung zwischen ganz unterschiedlichen Faktoren des Forschungskontextes sind sowohl Experimentalkulturen als auch Experimentalsysteme nicht rational strukturierte Wissens- und Handlungssysteme, sondern »zusammengestückelt und gebastelt« (ebd., 150). In dieselbe Richtung deuten die soziologischen Studien zum Laborgeschehen von Karin Knorr Cetina (2002, 144), die etwa auf die unterschiedlichen Formen von *tacit knowledge* in der Molekularbiologie verweisen.

Die Hoffnung hinsichtlich des zweiten Aspekts von Kontrolle, der *Kontrolle über natürliche Phänomene*, ist in der Biologie – so belegen es Erfolg und technische Umsetzung des experimentellen Ansatzes – keinesfalls unbegründet. Die auch diese erfolgreichen Methoden prägenden biologischen Rahmenbedingungen werden allerdings vor allem als Fälle von Misserfolg deutlich. Zu den Gründen für möglichen Misserfolg zählt etwa die komplexe Struktur und Funktion vieler biologischer Systeme. Die vielfältig vernetzten »Wechselwirkungen« von Subsystemen, die Beziehungen zwischen Lebewesen und ihrer Umwelt, die innere Dynamik von Lebewesen, die Binnenbestimmtheit und »Spontaneität« von biologischen Prozessen sind weitere Gründe für die Schwierigkeiten bei der Umsetzung von Kontrolloptionen. Will man Kontrolle ausüben, so setzt das eine überschaubare Anzahl von Parametern voraus, die möglichst problemlos voneinander isolierbar sind. Diese Voraussetzung ist jedoch bei biologischen Phänomenen nur selten gegeben. Vielmehr ist häufig eine besondere »Pluralität« im Spiel. Dies zeigt sich daran, dass biologische Reaktionen selten eindeutige Antworten auf einen einzelnen äußeren Faktor darstellen. Sie sind zumeist kombinierte und vielfältige Antworten auf mehrere Faktoren.

Diese Vielfältigkeit von Verursachung einerseits und von biologischer Reaktion andererseits erzeugt statt linearer Ursache-Wirkungs-Ketten komplexe Netzwerke von Wechselbeziehungen (Toepfer 2006). Der Biologe Paul A. Weiss hat diese wechselwirkende Hierarchie von Subsystemen in Organismen anschaulich dargestellt (Weiss 1970, 46, Abb. 6). Sein holistisches Modell findet eine moderne »elementaristische« Entsprechung in den für die Entstehung von Bauplantypen während der Evolution unterstellten genetischen regulatorischen Netzwerken (Davidson 2006, 2; Davidson, Erwin 2006). Ähnliche Vernetzungen finden sich auch auf der ökologischen Ebene, etwa in Form von Nahrungskettengeflechten und in Beziehungsgefügen im biozönotischen Konnex. Derart multifaktorielle Bedingungen schränken die Sicherheit von Prognosen in der Biologie deutlich ein (Tischler 1993, 14). Realistische Voraussagen machen beispielsweise in der Ökologie aufwendige rechnergestützte Simulationen notwendig. Häufig genug scheitern jedoch auch diese daran, dass – wie sich erst im Nachhinein feststellen lässt – bestimmte Parameter in ihrer Wirkung auf den Gesamtprozess unterschätzt oder erst gar nicht in die Modellrechnung aufgenommen werden (vgl. Kap. 6). Die besonderen Bedingungen durch große räumliche und zeitliche Skalen der relevanten Phänomene oder durch nichtlineare Eigenschaften der zu untersuchenden Systeme sind deshalb gerade in ökologischen Fragestellungen bemerkbar und prägen die entsprechenden Experimente (May in Novartis 1998, 196 f.). Ähnliches gilt auch für die ethologische Freilandforschung (Rosenberg 1985, 27).

Jedoch nicht nur die Freilandforschung, sondern auch die Forschung im Labor kann unter ähnlichen Restriktionen stehen. Das zeigt sich vor allem bei dem Versuch, komplexe Phänomene experimentell zu untersuchen wie etwa höhere Verhaltensleistungen von Tieren. Auch hier hängt die Umsetzbarkeit des Experiments davon ab, ob und in welchem Umfang es gelingt, möglichst das gesamte Aktionssystem einer Tierart unter bekannten und kontrollierten Bedingungen zur Entfaltung kommen zu lassen (Lorenz 1992, 308 ff.). Angesichts dieser Tatsache wird für die Verhaltensforschung die Frage der Tierhaltung letztlich zu einer Frage der experimentellen Methode (vgl. Kap. 7). Umgekehrt kommt es bei der Anpassung der künstlichen Beobachtungs- und Aufzuchtbedingungen an die Freilandsituation, etwa durch Hinzufügung von Parametern im Freilandlabor, wieder zu einer Beschränkung der Möglichkeiten des Experiments. Mit der Zunahme an zu berücksichtigenden Parametern sinkt in der immer noch künstlichen Umwelt nicht nur der Grad möglicher Kontrolle durch den Experimentator, es wird auch die genannte Idealvorstellung vom Experiment verlassen. Diese Bedingungen gelten letztlich für alle biologischen Untersuchungen. Sie können auch auf die molekularbiologische Erfahrungssphäre übertragen werden (Burian 1993; Burian in Wolters et. al 1995, 124).

Distanz und Nähe

Wie das gesamte Forschungsprogramm der neuzeitlichen Naturwissenschaften ist auch das Experiment durch eine Distanzforderung geprägt, die einen speziellen Aspekt der Separation beinhaltet. Implizit wird die Forderung aufgestellt, eine Trennung nicht nur zwischen den Teilen des Forschungsgegenstands herbeizuführen, sondern auch zwischen diesem und dem Experimentator. Gerade die einzuhaltende Distanz ist es, die nach gängigen Vorstellungen die Ausübung von Macht und Kontrolle im Experiment erlaubt. In dieser Hinsicht erweist sich die Distanz als Form der Autorität und Priorität. Dabei sind verschiedene Dimensionen von Distanz zu unterscheiden (Kruse 1985, 124 f.). Zunächst gilt es, mittels objektiver Methoden objektives Wissen über Objekte der materiellen Außenwelt zu gewinnen. Damit einhergehend ist eine innere und äußere Neutralität des Forschers gefordert. Äußere Neutralität bedeutet Unabhängigkeit von politischen, religiösen oder ideologischen Einflüssen (vgl. Kap. 7). Innere Neutralität meint, dass Einstellung und Vorlieben des Experimentators nicht zu den das Experiment bestimmenden Variablen gehören sollen. Die Intention der Neutralitätsforderung ist es somit, subjektive Faktoren entweder ganz auszuschalten oder sie in Konstanten des Forschungsvollzugs umzuformen. Das Idealbild des biologischen Forschers ist der neutrale und distanziert-nüchterne Beobachter. Diese Haltung darf im Experiment nicht durch private Interessen überlagert werden (Bischof in Lohmann 1970, 180 f.). So ist der Experimentator zwar gemeinsam mit *seinem* Untersuchungsobjekt im Labor, benötigt für eine angemessene Umsetzung *seines* Experiments eine »Vertrautheit« mit den Labororganismen, darf aber im Stadium der Datenaufnahme in das Experiment nicht eingreifen. Wenn Eingriffe notwendig werden, dann müssen diese regelgeleitet erfolgen.

Aus mehreren Gründen ist diese Leitidee allerdings stets nur bedingt umsetzbar. Ganz unabhängig von den besonderen Bedingungen biologischer Forschung lassen sich Einschränkungen formulieren. So wäre zu fragen, ob die für das Prinzip der Distanz maßgebliche epistemologische These, nur das vom Beobachter Distanzierte – gewissermaßen das Fremde – sei objektiv und mit naturwissenschaftlichem Wahrheitsanspruch erkennbar, uneingeschränkt gilt. Gerade angesichts der eingangs geschilderten zwei Standpunkte (Innen- und Außenperspektive) ist die Einschränkung auf die Perspektive der Distanz in der Geschichte der Biologie immer wieder kritisch hinterfragt worden. Neben dem erfolgreichen und heute bestimmenden Ansatz wurden vielfach alternative Konzepte vertreten. Ein solcher Ansatz kommt exemplarisch auch in dem im vorangegangenen Kapitel erwähnten Programm der methodischen Einfühlung der Genetikerin Barbara McClintock zum Ausdruck. Ihre methodologische Position in der Molekularbiologie bildet lediglich den Endpunkt einer langen biologischen Tradition, die auf die verstehende Teilnahme des Menschen am Lebensprozess setzt. Ein zweiter allgemeiner Einwand gegen die Distanzforderung kann sich auf die Einsicht in die Bedingungen theoriengeleiteter Beobachtung berufen (Popper 1994, 72; Feyerabend 1978, 161). Entsprechend den Ausführungen zur biologischen Beobachtung im dritten Kapitel ist davon auszugehen, dass eine enge Wechselbeziehung zwischen Tatsachenfeststellung und Interpretation existiert. Dies war auch der zentrale Punkt in der Kennzeichnung des Experiments durch Pierre Duhem. Dessen Einsichten unterlaufen die Forderung nach einer strikten objektivierenden Distanz. Statt eine wertfreie Beobachtung und Experimentaldurchführung darzustellen, steht wissenschaftliche Empirie stets im Rahmen bestimmter epistemologischer, methodologischer oder ontologischer Vorannahmen.

Neben diesen grundsätzlichen, für alle Wissenschaften geltenden hermeneutischen Rahmenbedingungen der Forschung sind jedoch in der Biologie zusätzliche Bedingungen zu berücksichtigen. Es wurde bereits deutlich, dass schon der erste der beiden genannten Einwände in den Biowissenschaften besonders relevant ist. Hier liegt eine spezielle epistemologische Situation vor, die in manchen Hinsichten mit derjenigen in den Geschichts- und Gesellschaftswissenschaften vergleichbar ist. Offensichtlich wird dies, wenn der Mensch auf beiden Seiten der wissenschaftlichen Verhältnisbeziehung ins Spiel kommt (vgl. auch Kruse 1985; Westhofen 2005). Als Lebewesen kann er im biowissenschaftlichen Experiment auf der Seite des invasiv Untersuchten stehen. Er kann hinsichtlich seiner strukturellen Organisation und seiner funktionellen Eigenschaften zum *Gegenstand der Forschung* werden. Dieser Aspekt stellt seit der evolutionären Einbindung des Menschen in die Kette der Lebewesen den Grundansatz der Biologie des Menschen dar. Als Wissenschaftler ist der Mensch jedoch zugleich immer auch der Erlebende, Beobachtende und Untersuchende im Forschungsprozess, das *Forschungssubjekt*.

Über diese allgemeinen Bedingungen biologischer Erkenntnis hinaus handelt es sich bei experimentellen Vollzügen nun nicht mehr um »passive« Beobachtungen, sondern vielmehr um aktive körperliche Handlungen oder instrumentell vermittelte Vollzüge. Im Gegensatz zur klassischen Vorstellung von Wissenschaft als kontemplativem Akt geht es in der modernen Biologie um praktische Tätigkeiten im Labor oder im Freiland. Biologische Forschung ist eine in Raum und Zeit erfolgende technische Handlung der Forschungssubjekte (Knorr Cetina 2002, 45 ff.). Damit ist allerdings die körperlich-leibliche Dimension nicht mehr aus der biophilosophischen Betrachtung herauszuhalten. Die Annahme eines idealen, distanzierten, weltexternen und letztlich körperlosen Beobachters ist abzulösen durch die Voraussetzung des involvierten leiblichen Akteurs in einer (Labor-) Umwelt. Wie schon John Dewey deutlich macht, ist das technisch-instrumentelle Verständnis von Wissenschaft notwendig mit einem Konzept der Teilnahme verbunden. Die klassische Zuschauertheorie der Erkenntnis muss deshalb durch die Mitspielertheorie ersetzt werden (Dewey 1995, 94 und 325 f.).

Im Kontext einer Mitspielertheorie wird nicht nur die leibliche Konstitution der Forscher und Forscherinnen bedeutsam. Im Fall der Lebenswissenschaften kommt zusätzlich die leibliche Konstitution der Untersuchungs*gegenstände* zum Tragen. Für den experimentellen Kontext des molekularbiologischen Labors hat Knorr Cetina (2002, 138 ff.) deshalb hinsichtlich des ersten Punktes auf die Bedeutung der Erfahrungsschemata des Leibes aufmerksam gemacht. Für den zweiten Punkt der Leiblichkeit der Untersuchungsobjekte muss allerdings mehr vorausgesetzt werden. Zudem wird dieser Aspekt nicht in allen biologischen Phänomendimensionen gleichermaßen relevant. In bestimmten Hinsichten werden in der Biologie aber philosophische Überlegungen bedeutsam, die die grundsätzliche Doppelaspektivität lebendiger Systeme hervorheben. Für die Biophilosophie ist vor allem Helmuth Plessner (1892-1985) zu nennen, der diesen Aspekt in das Zentrum seiner *Stufen des Organischen* (1928, Plessner 2003, 127 ff.) stellte. Er konnte sich dabei auf eine umfängliche Erörterung der Sonderrolle des *menschlichen* Leibes berufen. Häufig jedoch wird die naturwissenschaftliche Berücksichtigung genuin leiblicher Qualitäten als eine nicht umsetzbare Forderung zurückgewiesen. Dies hat seinen sachlichen Grund in der Identifizierung des Standpunkts der Naturwissenschaften mit der Außenperspektive der Forschenden. Das berühmte phänomenologische Experiment Edmund Husserls (1859-1938), das Experiment der beiden sich gegenseitig untersuchenden Hände, führt indes zu der Einsicht, dass die besondere Erlebnissphäre des Leibes dort beginnt, wo der physikalisch messbare Erfahrungsraum aufhört. Neben den Eigenschaften eines physischen Dinges werden bei diesem Übergang zum Leib die typisch leiblichen Kategorien der Erlebnis- und Empfindungsqualität relevant (Husserl 1993, 150 f.). Die moderne Naturwissenschaft – und damit auch die moderne Biologie – ist in diesem Sinne durch die systematische Ausklammerung des Leibes, auch des Leibes des Naturwissenschaftlers, gekennzeichnet (Kutschmann 1986).

Einen in dieser Hinsicht aussagekräftigen Sonderfall sowie einen Hinweis auf notwendige Modifikationen dieses generellen Vorbehalts stellt die in der gesamten Geschichte der modernen Psychologie kontrovers diskutierte Rolle psychologischer Experimente dar. Diese alte Debatte hat im Zuge der Kontroversen über die Aussagekraft von Laborversuchen in den kognitiven Neurowissenschaften neue Brisanz erlangt. Schon die klassischen psychophysischen Ansätze unterschieden sich vom naturwissenschaftlichen Experiment in einem gewichtigen Punkt: Hier wurde die Selbstbeobachtung (Introspektion) zum Element des methodischen Ansatzes (Ziche 1999). Nicht nur, dass ein individuelles Phänomen (das individuelle Bewusstsein) zum Gegenstand wurde, es entstand auch eine neue Relation zwischen Beobachter und Gegenstand jenseits der Distanz, die Relation der *Selbstbeziehung*. Im übertragenen Sinne gilt dies auch für die interpersonalen Beziehungen im Fall der Untersuchung Anderer im neuropsychologischen Experiment. Diese besondere Relation hat neben methodologischen auch ethische Konsequenzen (vgl. Kap. 7). Das prägt mutatis mutandis auch die Versuche einer labormäßigen Erforschung höherer kognitiver Leistungen (Köchy 2006). Wir hatten schon im einleitenden Kapitel darauf verwiesen, dass die klassische experimentelle Neurowissenschaft betont auf alle introspektionistischen Elemente verzichtet. Neurobiologische

Verfahren sind auf messbare Ereignisse in Raum und Zeit beschränkt. Hingegen ist es das Ziel der kognitiven Neurowissenschaften, die interne Repräsentation mentaler Ereignisse zu untersuchen. Dabei wird zwar offiziell weiterhin die Introspektion ausgeklammert, aber die kognitiven Neurowissenschaften sind de facto darauf verwiesen, die Ergebnisse der inneren Erfahrung und der Selbstzuschreibung der Probanden in die neurowissenschaftliche Methodologie einzubinden.

Die daraus resultierenden Verschiebungen im Methodengefüge zeigt das Beispiel der neurobiologischen Messung der neuronalen Korrelate von Aufmerksamkeit (Jack, Shallice 2001, 168). Die bisherige Annahme, man benötige objektive, experimentelle Messverfahren, um subjektive Aussagen über die Aufmerksamkeit zu validieren, erweist sich nach dieser Untersuchung als ein durch den Behaviorismus bedingter Fehlschluss. Vielmehr ist es genau umgekehrt. Man benötigt subjektive Evidenz (Aussagen der Probanden über ihr inneres Erleben), um überhaupt entscheiden zu können, welche objektive Messung im Labor tatsächlich eine Messung der »Aufmerksamkeit« ist. Das bedeutet, dass in diesem Fall die Introspektion (*introspective evidence*) in Form von verbalen Protokollen der Versuchspersonen nicht nur eine Methode unter vielen im Set neurowissenschaftlicher Verfahren ist. Vielmehr wird sie zur *notwendigen Voraussetzung* für die Validierung aller weiteren Experimente, Messungen und biologischen Aussagen. Die Introspektion erfüllt demnach nicht allein Funktionen bei der Hypothesen*bildung*, sondern ist maßgebliches Moment der Hypothesen*prüfung*.

Überträgt man diese Einsichten aus der experimentellen Untersuchung der Erlebnisqualitäten des Menschen – wobei auch die kognitive Neurobiologie auf der Basis der Evolutionstheorie agiert, indem sie von einfachen zu komplexen Lebensfunktionen aufsteigt – auf die empirische Situation in den Lebenswissenschaften insgesamt, dann gelangt man zu den Überlegungen des einleitenden Kapitels zurück. Der dort konstatierte zweifache Zugang zum Lebendigen hat dann seine empirische und theoretische Basis in den spezifischen leiblichen Qualitäten von Lebewesen. Diese Bedingungen, die vor allem bei der naturwissenschaftlichen Erforschung des Menschen erkennbar werden, wären mutatis mutandis auch in anderen Bereichen der Biologie vorauszusetzen. Dies wirkt sich jedoch nicht nur auf die Seite des Beobachters aus, sondern auch auf die Seite des Beobachteten. Für den *Beobachter* besteht die Wahlmöglichkeit, welche Beziehung zum Untersuchungsobjekt »Leben« er wählt. Damit trifft er vor aller innerwissenschaftlichen Theorie und Praxis eine methodologische Rahmenentscheidung. Seine Wahl prägt alle nachfolgenden theoretischen und praktischen Schritte und Einstellungen zum Untersuchungsobjekt und bestimmt die Erkenntnisgrenzen des gewählten Zugangs. Auf der Seite des *Beobachteten* zeigt sich die genannte Doppelaspektivität darin, dass – wie im zweiten Kapitel erwähnt – im biologischen Versuch nicht ein passiv allen Manipulationen im Labor ausgesetztes Untersuchungs*objekt* zu unterstellen ist. Vielmehr ist von einem aktiven (in manchen Fällen gar intentionalen) System auszugehen. Im biologischen Experiment ist nicht nur der Experimentator der Akteur gegenüber einem passiven Material. Biologische Technik ist – so Hans Jonas – vielmehr auf Kollaboration mit der Selbsttätigkeit eines aktiven biologischen Systems angewiesen.

Wird die Aktivität des »Untersuchungsmaterials« aus Gründen der Quantifizierbarkeit und Objektivierbarkeit eingeschränkt, dann können daraus biologisch unbrauchbare Ergebnisse resultieren. Wenn beispielsweise das Verhaltensrepertoire einer Tierart, deren Anpassungsfähigkeit auf sich wandelnde Umweltsituationen, die Komplexität von Wahrnehmungsleistungen oder

Ähnliches zur Untersuchung stehen, dann ist es offensichtlich, dass die Ergebnisse der Versuche von der Möglichkeit abhängen, diese Aktivität und den Handlungsspielraum zuzulassen. So wurden etwa die komplexen Fähigkeiten zur Verarbeitung visueller Informationen bei Tauben – eines der gängigsten Versuchstiere der experimentellen Psychologie und Sinnesphysiologie – erst entdeckt, als man sich von historisch gewachsenen anthropozentrischen Vorannahmen befreite. Diese hatten (entsprechend dem im vierten Kapitel dargestellten Maschinenmodell) den Tauben nur simple, mechanische Reaktionen zugestanden. Als man von einfachen zu komplexen Dressuraufbauten wechselte, zeigte sich plötzlich die Komplexität und Bandbreite des Verhaltens (Delius 1990). Konrad Lorenz zieht aus diesem Grund für die Verhaltensforschung insgesamt den Schluss, adäquate Verhaltensuntersuchung bestehe in einem Kompromiss zwischen Annäherung und Distanzierung (Lorenz 1992, 306; vgl. Kap. 7).

Diese Konsequenz bestätigen aktuelle Versuche, die Ergebnisse der kognitiven Neurobiologie auf die Verhaltensforschung zu übertragen. Dorothy L. Cheney und Robert M. Seyfarth etwa beziehen sich in ihren Verhaltensstudien im Freiland und bei dem Versuch, Rückschlüsse auf die mentalen Fähigkeiten von Primaten zu ziehen, explizit auf die Differenz zwischen Labor und Freiland (Cheney, Seyfarth 1994, 14 ff.). Dabei wird deutlich, dass »das Bild von der tierischen Intelligenz, das sich aus der Feldforschung entwickelt«, reicher und komplizierter ist, als es Laborstudien erwarten ließen. Als Grund für diese Unterschiede nennen die Autoren die Spezifität von Laborexperimenten zu Fragen des Lernens und der Intelligenz. Der Vorteil von Laborstudien liege in deren Präzision, Kontrolliertheit und der Möglichkeit zur Separation von Parametern. Deren Nachteil bestehe darin, dass die evolutive Funktion und die biosoziale Bedeutung der untersuchten Verhaltensweisen ausgeblendet würden.

Bei Intelligenzvergleichen über die Artgrenzen hinaus vernachlässige man methodisch die biologische Tatsache, »dass sich verschiedene Arten in verschiedenen sozialen und ökologischen Lebensräumen entwickelt haben«. Um Arten wirklich adäquat vergleichen zu können, müsse man deshalb *alle* möglichen Bedingungen berücksichtigen, die einen Leistungsunterschied der Lebewesen zur Folge haben könnten. Cheneys und Seyfarths Überlegungen unterstreichen zudem, dass aus der Vorgabe experimenteller »Objektivität« und »Präzision« häufig der Einsatz willkürlicher und »unbiologischer« Reize resultiert, denen die Tiere in ihren natürlichen Umgebungen niemals begegnen würden. Damit ermöglicht der Laboransatz zwar eine Normierung des Experiments, es erhöht sich jedoch zugleich die Gefahr, die tatsächlichen Fähigkeiten der Versuchstiere zu unterschätzen oder nicht zu erfassen.

Wiederholbarkeit und Einzigartigkeit

Sowohl wegen der theoretischen Forderungen nach Allgemeingültigkeit, Mitteilbarkeit und Objektivität als auch wegen der praktischen Forderungen nach Reproduzierbarkeit, Nutzbarkeit und Prognosesicherheit sind naturwissenschaftliche Experimente auf Bedingungskonstanz hin angelegt. Das Experiment folgt dem Ideal einer prinzipiell unbegrenzten Wiederholbarkeit des Versuchsdurchgangs. Der im Experiment erzielte Effekt gilt als in Versuchsreihen reproduzierbar, wenn durch Standardisierung die Rahmenbedingungen der Einzelversuche beibehalten werden. Experimentell belangvolle Effekte sind regelmäßige und typische Effekte. Dabei geht es nicht darum, die individuellen Bedingungen *dieses* einen Experiments exakt zu reproduzieren. Vielmehr wird auch hier eine Typisierung vorgenommen, und es soll gelten, dass das Experiment *prinzipiell* an anderen Orten, zu anderen Zeiten und von anderen Experimentatoren wiederholbar ist. Wie Duhem formuliert (1978, 216), kann es nur darum gehen, wenigstens eine theoretisch äquivalente Erscheinung im Experiment wiederherzustellen. Allerdings ist auch dieser abgeschwächte Anspruch ein idealer und geht nach Duhem selbst in der Physik über das Vermögen der wissenschaftlichen Experimentierkunst hinaus.

In der Biologie ist diese schon in der Physik vorhandene Schwierigkeit der Umsetzung von Wiederholbarkeit potenziert. Den wichtigsten Grund dafür haben wir bereits kennengelernt: Die biologische Evolution bedingt eine Diversifizierung biologischer Systeme. Trotz der verwandtschaftlichen Zusammengehörigkeit in Populationen und der gemeinsamen stammesgeschichtlichen Merkmale gehört die »Einzigartigkeit« zu den spezifischen Eigenschaften biologischer Bildungen. Der biologische Gegenstandsbereich ist sowohl auf der Ebene des Genoms als auch auf der Ebene des Phänotyps und dessen Entwicklung in einer spezifischen Umwelt einzigartig. Diese Einzigartigkeit ist eine zentrale Konsequenz der Evolutionstheorie (Wilson 1999), nach der es im Zuge der Evolution zu einer Variation von Lebewesen kommt. So unterscheiden etwa Levins und Lewontin (1985, 85 f.) die biologische Evolution als Variationsevolution von der kosmologischen Evolution. Nur die Variationsevolution beruhe auf der Auslese bestimmter Entitäten aus äußerst variablen Populationen einzigartiger Individuen sowie dem Entstehen neuer Variation in jeder Generation. Biologische Evolution bestehe demnach im Wandel des durch die verschiedenen Eigenschaften der Individuen bedingten Verhältnisses zwischen unterschiedlichen Typen innerhalb des evolvierenden biologischen Systems. In der Biologie hat man es deshalb nicht mit einer Klasse identischer Entitäten zu tun, sondern mit heterogenen Populationen, die aus je einzigartigen Individuen bestehen.

Neben dieser Einzigartigkeit ist für die Beurteilung der Umsetzungsbedingungen von Wiederholbarkeit auch die historische Komponente zu berücksichtigen, die mit der Evolution verbunden ist. Einerseits sind die meisten Geschehnisse der evolutionären Entwicklung bereits lange vergangen. Die Beweisführung mittels empirischer Befunde findet deshalb in der Evolutionsbiologie unter besonderen Bedingungen statt (Wuketits 1995, 8 ff.), und Experimente mit stammesgeschichtlicher Fragestellung sind häufig nur in indirekter Form realisierbar. Die Evolutionsbiologie muss aus heutigen Befunden eine Rekonstruktion des vermutlichen bisherigen Entwicklungsgangs und seiner Mechanismen vornehmen. Wenn nur wenige Befunde vorliegen – so etwa in der Hominidenevolution – ändern sich mit einigen neuen Daten ganze Rekonstruktionsanordnungen. Zudem ist die biologische Evolution selbst ein einzigartiger und historischer Vorgang und deshalb ebenfalls nicht wiederholbar. Insofern kommt hier neben der experimentellen die komparative Methode zum Einsatz (Mayr 1991, 28 ff.). Verfahren wie Analogisierung, Homologisierung oder Typologisierung werden bedeutsam. Wuketits etwa macht zudem deutlich, dass zwar Teilbereiche der Evolution im Experiment untersucht werden könnten – so etwa die berühmten Experimente von Stanley Miller, die 1953 zur abiotischen Synthese organischer Moleküle führten, oder Manfred Eigens Arbeiten zur Entstehung präbiotischer Ordnungszustände im Mechanismus des »Hyperzyklus«. Die Evolution als Ganzes jedoch entziehe sich dem experimentellen Zugriff (Wuketits 1983, 93).

Aber auch die konkreten biologischen Wandlungsprozesse einzelner Lebewesen – etwa deren Individualentwicklung – unterliegen mutatis mutandis diesen Bedingungen der Einzigartigkeit, Unidirektionalität und Irreversibilität. Auch dies bedingt Einschränkungen des Prinzips der Wiederholbarkeit. Die strenge

Forderung nach Wiederholbarkeit eines identischen Experimentaldurchgangs muss so zumindest dahingehend modifiziert oder abgeschwächt werden, dass im biologischen Labor tatsächlich stets nur eine ähnliche oder vergleichbare experimentelle Situation wiedererzeugt werden kann. Die je einzigartige Biografie eines Lebewesens, die nur diesem Organismus zukommende Erfahrung, schließt ein identisches Reiz-Reaktions-Verhältnis in mehreren biologischen Verhaltensexperimenten nahezu aus. Bei Untersuchungen an einem Organismus sind Phänomene wie Lernen und Habituation zu berücksichtigen. Bei Versuchen an mehreren Organismen sind die Unterschiede in Geschlecht, Alter, Erfahrung, Ernährungszustand ausschlaggebend. Die Auswirkung der Heterogenität der untersuchten Objekte zeigte sich bereits im dritten Kapitel am Beispiel der bildgebenden Verfahren bei neurobiologischen Experimenten.

Wenn sich die Frage nach Wiederholbarkeit von Experimentalbefunden bereits im biologischen Labor stellt, dann umso deutlicher bei der Untersuchung von Lebewesen außerhalb des Labors oder bei Übertragung von Freilandbefunden ins Labor. Alexander Rosenberg (1985, 27) spricht in diesem Zusammenhang von der Widerspenstigkeit (*recalcitrance*) der Wiederholung von im Freiland beobachteten Phänomenen im Labor. Auch Martin Mahner und Mario Bunge (1997, 188) betonen, dass die Komplexität und Diversität von Ökosystemen zu Problemen in der Umsetzung von Feldexperimenten führt. Man könne hier Variablen und Parameter nur bedingt kontrollieren. Unter diesem Gesichtspunkt stellt die Etablierung der gesteigerten und gereinigten Umwelt des Labors gerade den Versuch dar, diese Heterogenität der Untersuchungssituation im Freiland zu umgehen und eine Standardisierung zu erreichen (Rensch 1968, 12). Die Verschiedenheit organischer Reaktionen auf gleiche Reize ist allerdings kein Manko der biologischen Experimentierkunst. Sie ist vielmehr die Grundbedingung lebenserhaltender Anpassung. Wird deshalb wegen der Forderung nach Verallgemeinerung und Quantifizierung eine Situation geschaffen, die ausschließlich auf Wiederholbarkeit setzt, dann wird diese biologische Grundbedingung bewusst ausgeblendet. Dies kann in manchen Fällen und auf manchen biologischen Phänomenebenen sinnvoll sein und folgenlos bleiben. Es kann aber auch die biologische Aussagekraft des Experiments insgesamt in Frage stellen.

Homogenisierung und Vielfalt

Die bisherigen Überlegungen zeigten, dass die Forderung nach Wiederholbarkeit implizit oder explizit auf der Annahme einer Regelmäßigkeit oder Homogenität des Naturgeschehens beruht. Diese Homogenität ebnet alle Besonderheiten und individuellen Wesenszüge der Naturglieder ein. Sie überführt die regellose und vielfältige Natursituation in eine regelhafte und einfache Laborsituation. Wird der Versuch im Labor als aussagekräftig für die Situation in der Natur angesehen, dann muss die postulierte Regularität auch in der Natur unterstellt werden. Diese wird dann entweder als natürliche Vorgabe gedacht und gilt als verborgene, erst durch das Experiment entdeckte Gesetzmäßigkeit der Natur, oder aber man versteht sie als durch das Experiment künstlich erzeugten Effekt. Im zweiten Fall deutet man sie als Resultat der methodischen Umgestaltung der Natur in eine für die Naturwissenschaft fassbare Form.

Aus den angeführten Gründen stellt die Vorannahme der Homogenität ebenfalls eine ideale Abstraktion dar. Betrachtet man die Situation aller Naturwissenschaften unter Berücksichtigung von deren Objektbereich, dann muss man zugestehen, dass stets ein Kontinuum je unterschiedlich »einfacher« Phänomene vorliegt. Letztlich wird in allen Naturwissenschaften die Regularität des Gegenstandsbereichs künstlich überhöht. Jedoch gerät offensichtlich gerade in der Biologie dieses Verfahren mit der gesteigerten Heterogenität des Objektbereichs, der biologischen Vielfalt, in Konflikt. Allerdings basiert der Experimentalvollzug auch in der Biologie zunächst auf der Grundannahme, dass trotz möglicher Variationen und Abweichungen eine Gemeinsamkeit und Typik zwischen einzelnen Biosystemen besteht und eine Klassenbildung möglich ist. Berücksichtigt man jedoch die biologische »Vielfalt«, dann sind neben den artbildenden Gemeinsamkeiten stets die individuellen Unterschiede bedeutsam.

Nicht nur Gemeinsamkeiten, sondern auch evolutionär bedingten Unterschieden kann die biologische Aufmerksamkeit gelten, wenn man sich etwa an den deszendenztheoretischen Überlegungen zur Variabilität orientiert. Obwohl man sich deshalb unter forschungspraktischen Erwägungen für die Seite der Gemeinsamkeit entscheiden kann, bleiben auch die Unterschiede biologisch bedeutsam. Dabei gilt die klassische Einsicht, dass jede Bestimmung immer auch eine Ausgrenzung beinhaltet. Allerdings steht die methodische Entscheidung für die Untersuchung der Seite der Gemeinsamkeiten nicht nur in logischer Hinsicht unter den Bedingungen der Vielfalt. Im Experimentalvollzug des Labors schlägt sich die Vielfalt vielmehr praktisch in der Tatsache nieder, dass die Homogenität und Klassenbildung der untersuchten Phänomene nur bedingt erreichbar ist. Dies wirkt sich entweder auf den Geltungsumfang theoretischer Aussagen, auf die Sicherheit von Prognosen oder aber auf den Stichprobenumfang der durchgeführten Versuche aus.

Eine Form der Homogenisierung biologischer Phänomene im Experiment, die uns im nächsten Kapitel beschäftigen wird, sei abschließend erwähnt. Wie der Vergleich von Freiland und Labor in der Verhaltensforschung zeigte, steht auch das biologische Experiment unter der zentralen Forderung nach Messbarkeit und Quantifizierung. Diese Forderung lässt sich historisch mindestens bis zu den Anfängen der neuzeitlichen Experimentalwissenschaft zurückverfolgen. Bereits Galileo Galilei (1564-1642) forschte unter der Annahme, die Natur sei als mathematisches System von Zeichen zu verstehen, das es mittels des naturwissenschaftlichen Verfahrens zu entziffern gelte. Erkenntnistheoretische Konsequenzen aus diesem Ansatz wurden in vielen empiristischen Positionen gezogen, die noch heute für die Biowissenschaften leitend sind. Ganz in diesem Sinne versucht man bei biologischen Experimenten – etwa im Verhaltensversuch – die zu untersuchenden Abläufe in eine quantifizierbare Form zu überführen. Das Verhaltensexperiment kann dann als der Versuch verstanden werden, reproduzierbares Verhalten unter möglichst genau kontrollierbaren Bedingungen ablaufen zu lassen, um sie quantitativ zu erfassen (Wuketits 1983, 91 f.).

Ein aussagekräftiges Fallbeispiel dafür sind die Orientierungsversuche von Gottfried Fraenkel (Fraenkel, Gunn 1961). Dessen Experimentalaufbau zur Untersuchung der phototaktischen Orientierung (Lichtorientierung) von Flagellaten (Geißeltierchen, *Euglena*) demonstriert in vorzüglicher Weise das Ideal der Quantifizierung im Experiment. Der Versuchsaufbau ist denkbar einfach: Eine kreisrunde Beobachtungsfläche ist mit einer Skalierung versehen. Außen befinden sich zwei Lichtquellen in einem bestimmten Winkel zueinander. Das hinsichtlich seiner optischen Orientierungsleistungen zu untersuchende Lebewesen wird im Zentrum der Beobachtungsfläche ausgesetzt, seine Bewegungen und Kursänderungen werden im Verhältnis zu den Lichtquellen aufgezeichnet und anhand der Skalierung gemessen. Hier haben wir es nicht nur mit einem mathematisch strukturierten biologischen Versuchsdurchgang zu tun, sondern es zeigt sich auch, wie sehr die gesamte reale Versuchsdurchführung vor dem Hintergrund von Hypothesen, mathematischen Modellen, physikalischen Erklärungen und der Vorstellung eines mathematischen Idealorganismus erfolgt (ebd., 136 ff.). Es wird darüber hinaus ersichtlich, dass auch dieser Ansatz nicht von kontextuellen Einflüssen der Philosophie frei ist. Die Autoren stellen ihren Ansatz in die Tradition des Physiologen Jacques Loeb (1859-1924) und dessen Forderung nach Ersetzung aller anthropomorphen Termini in der Verhaltensforschung durch physikalische und chemische Begriffe (ebd., 6 f.). Damit wird auch das später von Eric Kandel (1976) durch die Molekularbiologie ergänzte Forschungsprogramm der experimentellen Neurobiologie vorformuliert. Kandel hat die experimentelle Neurobiologie als historisches Ergebnis der Auseinandersetzung von drei sich bekämpfenden Schulen oder Paradigmen verstanden – dem behavioristischen, dem introspektionistischen und dem ethologischen Ansatz. Das sich durchsetzende Verständnis von experimenteller Neurobiologie ist dann eine Fusion aus experimenteller Laborforschung nach dem Vorbild des behavioristischen Programms und beschreibender Freilanduntersuchung nach dem Vorbild des ethologischen Programms. Wie wir sehen konnten, bleibt der introspektionistische Ansatz explizit ausgeklammert. Vor allem dieser Ausschluss bestimmt die zentralen Überzeugungen des Forschungsprogramms der experimentellen Neurowissenschaften. Deren Aufgabe ist es folglich, Verhaltensweisen anhand von Gehirnaktivitäten zu erklären. Man beschränkt sich auf die objektive Untersuchung von Verhalten mittels biologischer Techniken. Deren Einsatz erfolgt unter der Grundannahme, wissenschaftliche Aussagen verlangten nach einer Konzentration auf die Außenperspektive. Phänomene, deren Analyse als wissenschaftlich möglich gilt, sind dann wieder solche, die sich als Ereignisse in Raum und Zeit darstellen. Alleiniger Ausgangspunkt für die neurowissenschaftliche Analyse ist das, was Organismen

»machen«. Auf alle Analogieschlüsse von den »objektiven« oder öffentlichen Messdaten der experimentellen Erforschung des Verhaltens auf die »subjektive« oder private Sphäre des eigenen Erlebens wird explizit verzichtet. Wissenschaftliche Beobachtung ist auf die Dritte-Person-Perspektive festgelegt. Sie ist eine Beschreibung von außen zugänglicher Ereignisse, die in Form der Vermessung oder apparativen Registrierung fixiert und in einer als objektiv anerkannten Weise dargestellt werden. Der Verzicht auf Befunde, die aus der privaten Erste-Person-Perspektive gewonnen werden könnten, drückt sich zudem als Verzicht der Verwendung von subjektiven Begriffen (etwa »Idee«) zugunsten eines Arsenals von rein objektiven Begriffen wie »Stimulus«, »Antwort«, »Verhaltensformation« oder »Reflex« aus. Mit dieser terminologischen Konsequenz sind wir allerdings bereits in den Überlegungen des folgenden Kapitels angelangt. Der Frage nach den Folgen und Grenzen einer solchen Beschränkung auf die Außenperspektive werden wir unter ethischen Vorzeichen im Schlusskapitel wiederbegegnen.

6. Theorien

In den bisherigen Kapiteln wurde deutlich, dass die klassische Wissenschaftsphilosophie theoriezentriert ist. Wie es paradigmatisch die Wissenschaftsphilosophie von Carnap zeigt, gilt Wissenschaft als ein System von Sätzen. Idealerweise ruht dieses Aussagensystem auf nicht mehr begründbaren, aber auch nicht weiter begründungsbedürftigen Grundsätzen. Es ist zudem hierarchisch organisiert. Wissenschaftliche Erkenntnis stellt sich hier als System der in Begriffe gefassten Erkenntnis dar. Im Konstitutionssystem von Carnap (1961, 1 ff.) werden Begriffe als auf grundlegendere Begriffe zurückführbar angesehen, wenn alle Aussagen über sie in Aussagen über diese Begriffe umgeformt werden können. Die Aufgabe der Wissenschaftstheorie ist es in diesem Fall, die Gesamtheit der anerkannten Sätze nach logischen Gesichtspunkten zu strukturieren und zu legitimieren (Carnap 1992, 90f.).

Den Überlegungen der bisherigen Kapitel ist allerdings auch zu entnehmen, dass dieses Verständnis von Wissenschaft letztlich den Unterschied zwischen logischen oder mathematischen Aussagensystemen einerseits und empirischen Aussagensystemen andererseits über Gebühr nivelliert. Wie schon Kant deutlich machte, gewinnt jedoch die Logik ihre Sicherheit gerade durch ihre Selbstbeschränkung. Indem sie sich auf Beziehungen zwischen Begriffen konzentriert und die Beziehung dieser Begriffe zu den Gegenständen ausblendet, beschränkt sie sich auf einen hinsichtlich seiner Geltungsansprüche einfachen Fall, was der Logik ihren Status als Ideal von Allgemeingültigkeit und Einfachheit sichert. Will man allerdings nicht nur die Regeln des Denkens erfassen, sondern vielmehr die Regeln eines Denkens *über* die Gegenstände, dann kann man sich auf diese Einfachheit nicht zurückziehen. Bei empirischen Theoriensystemen, wie sie die Naturwissenschaften formulieren, gelten neue Bedingungen. Dieses Faktum hat natürlich auch die frühe Wissenschaftsphilosophie nicht verkannt. Neben der *logischen* Verifikation – als den Regeln der modernen Logik folgende Ableitung – musste ein *natur*wissenschaftliches System auch die Forderung nach *empirischer* Verifikation erfüllen (Carnap 1986, 367). Dabei wurde allerdings, wie im dritten Kapitel beschrieben, die fundierende Beobachtung als gegeben vorausgesetzt und zudem der Übergang von der Beobachtung zu Begriffen und Urteilen trivialisiert.

Die von Ludwik Fleck geführte Kritik an diesem simplen Verständnis des Verhältnisses von Beobachtung und Begriff konnte zeigen, dass gerade die Bestimmung einer auf Beobachtungen angewiesenen naturwissenschaftlichen Theorie auf ein komplexes Beziehungsgefüge zwischen empirischen »Daten« und theoretischen Vorannahmen führt. In der frühen neopositivistischen Wissenschaftstheorie deutete sich dieses Problem bereits an. Dies hatte einen umfänglichen Streit über den Status der einfachsten und fundierenden Sätze des Systems – der Basis- oder Protokollsätze – zur Folge. Darüber hinaus ist seit Karl Popper auch die bisherige Form der Anbindung der Theorie an die Empirie in Frage gestellt (vgl. Kap. 4). Da sich das induktivistische Modell logisch als nicht stichhaltig erweist, setzt Popper auf eine Kombination von deduktiver Hypothesenbildung und deren Überprüfung mittels Falsifikation. Auch dieser neue Weg der Anbindung der Theorie an die Welt ist jedoch nur in logischer Hinsicht unproblematisch. Unter dem Gesichtspunkt praktischer Forschungserfordernisse hingegen erweist sich das Falsifikationsmodell als komplexe Interaktion von mehreren Theorien. Die im fünften Kapitel skizzierten Überlegungen von Pierre Duhem hatten diese Sichtweise bereits nahegelegt. Damit ein Experiment die Funktion der Überprüfung von Theorien erfüllen kann, muss man von seiner wissenschaftlichen Bedeutung überzeugt sein. Dies setzt jedoch eine umfängliche Kenntnis der theoretischen Vorannahmen voraus, unter denen das Experiment konzipiert wurde (Duhem 1978, 238 ff.). Man gerät so in ein Netzwerk von zirkulären Beziehungen zwischen Theorie und Empirie. Zudem gilt für Duhem die Probe durch das Experiment als Auseinandersetzung nicht mit einer isolierten Hypothese, sondern mit einer ganzen Gruppe von Annahmen. Damit gleicht die Theorie einem Organismus von Aussagen, bei dem nicht einfach Teile isolierbar sind.

Erinnern wir uns schließlich an die im einleitenden Kapitel erwähnten Überlegungen des Physikers Helmuth Schwegler, dann ist selbst noch diese Vorstellung zu ideal und zu optimistisch. Die reale Theorienlandschaft selbst der häufig als Vorbild für Exaktheit und Einfachheit fungierenden Physik gleicht dann nicht mehr einem harmonisch geordneten System von Aussagen (»Organismus«), sondern eher einer lockeren Zusammenfügung von Teil- oder Bereichstheorien (»Flickenteppich«). Dies entspricht in etwa auch den Erkenntnissen, die wir im vierten Kapitel am Beispiel der Modelle gewinnen konnten. Hier wurde deutlich, dass die Problematik der Anbindung der Theorie an die Welt von den Wissenschaften durch ein vielschichtiges Formalisierungs- und Abstraktionsgeschehen beantwortet wird (Galison 1987, 242). Verschiedene Abstraktionsverfahren arbeiten dabei eng zusammen. Das Ergebnis ist jedoch eher eine zeitlich befristete Übergangslösung aus heterogenen Theoriestücken als ein geordnetes und abgeschlossenes Aussagensystem (vgl. auch

Feyerabend 1976, 42). Wir haben auch bereits gesehen, dass in der Biologie wegen der Vielfältigkeit und Dynamik des Gegenstandsbereichs solche pluralen Verallgemeinerungsstrategien große Bedeutung besitzen.

Gegen die Vorstellung, die Wissenschaft sei ein ideales Satzsystem, ist allerdings noch mehr einzuwenden. Kritik kommt auch aus den eigenen Reihen. So ist es der anfänglich den Ideen der Neopositivisten nahestehende Ludwig Wittgenstein (1889-1951), der in der späteren Phase seines Philosophierens die frühe Euphorie für die axiomatisierte Idealsprache als »Vorurteil der Kristallreinheit« ablehnt (Wittgenstein 1960, 342). Für ihn sind Sprachen keine logischen Systeme mehr, sondern Lebensformen. Die Bedeutung einzelner Termini ergibt sich aus dem jeweiligen Verwendungskontext. Es gelten die Regeln des entsprechenden »Sprachspiels«. Damit ist nicht nur die Vorstellung vom atomistischen Charakter der Grundelemente wissenschaftlicher Satzsysteme kritisiert. Es wird auch der rein logische Charakter der wissenschaftsphilosophischen Analyse in Frage gestellt. Ein adäquates Verständnis des Sprachspiels erschließt sich nicht mehr von der logischen Warte aus. Vielmehr ist die Berücksichtigung der je vorliegenden kommunikativen Bedingungen ausschlaggebend und damit letztlich eine Teilnahme am Sprachspiel gefordert.

Erweitert man diese Perspektive durch den Ansatz von Fleck, dann gehören zu diesen Bedingungen des Sprachspiels auch die methodischen, sozialen und psychologischen Regeln des jeweiligen wissenschaftlichen »Denkkollektivs«. Es sind die Vorgaben des Denkstils, die die Bedeutung wissenschaftlicher Begriffe und Theoriesysteme bestimmen. Insofern gibt auch Fleck die Vorstellung axiomatischer Satz- und Theoriensysteme auf. Die naturwissenschaftliche Welt des Labors, der Entdeckungen, Modelle und Theorien lässt sich nicht restlos in Worte fassen.

Wörter besitzen an sich keine fixe Bedeutung, sondern erhalten ihren Sinn erst im Zusammenhang des Denkgebiets (Fleck 1980, 72). In eine ähnliche Richtung zielen auch die späteren Überlegungen von Thomas Kuhn. Wieder kommt die Wissenschaft nicht als logisches, sondern als soziales System in den Blick. Die entscheidenden Mechanismen für Akzeptanz oder Widerlegung von Theorien sind demnach sozialer Art. Kann ein Forscher die ihm gestellte Aufgabe – nach Kuhn ein Spiel mit festgelegten Regeln (*puzzle solving*) – nicht lösen, dann wird ihm das als Versagen ausgelegt und sozial sanktioniert (Kuhn 1991, 92). Nicht die bisherige Theorie wird abgelehnt, sondern der Forscher, der sich auf der Basis seiner Befunde gegen das Paradigma auflehnt. An den theoretischen Überzeugungen wird solange wie möglich festgehalten. Wenn sich allerdings »Anomalien« häufen und sich nicht mehr durch Sanktionierung eindämmen lassen, dann setzt ein weiterer sozialer Mechanismus ein. Der Theorienwandel in den revolutionären Umbruchphasen der Wissenschaft erfolgt nach Kuhn nicht durch rationale Argumentation, sondern durch soziale Macht (ebd., 105ff.).

Eine analoge Ausdehnung des Theoriekonzepts nimmt auch Imre Lakatos vor. Dieser versucht zwar, die sozialen Mechanismen und andere »externe« (irrationale) Faktoren soweit wie möglich aus seiner Rekonstruktion auszuklammern oder sie in »interne« (rationale) Mechanismen umzuwandeln. Auch er versteht jedoch die wissenschaftsinternen Mechanismen im Kontext übergreifender »Forschungsprogramme«. Diese stellen erneut mehr dar als reine Theoriensysteme. Sie setzen sich zusammen aus zentralen Theorievorgaben (*hard core*) und aus der Empirieanbindung mittels einer »positiven Heuristik« (*protective belt*). Darüber hinaus bestimmt ein Forschungsprogramm den »Kode wissenschaftlicher Redlichkeit«, also das wissenschaftliche Selbstverständnis, die Methodenkonzeption, das Wissenschaftsbild (Lakatos 1974, 74). Auch hier geht es also um die Einbindung wissenschaftlicher Theorien in einen umfassenden *Forschungskontext.* Die nachfolgende Wissenschaftsphilosophie hat diese Überlegung stetig weiterentwickelt. Dabei wurde zunächst der Kontext in immer größeren Kreisen vom Labor bis in die Gesellschaft hinein verfolgt (vgl. Lenoir 1992, 180 ff.), schließlich wurde die Grenze zwischen internen und externen Faktoren ganz aufgehoben. So wurde das auch im Theorienverständnis kulminierende Objektivitätsideal der Naturwissenschaften letztlich selbst als ein kulturelles Phänomen aufgefasst (Daston in Hagner 2001). Naturwissenschaft wurde nicht nur *in* der Kultur, sondern *als* Kultur betrachtet. Im folgenden Kapitel werden uns die bioethischen Implikationen dieses neuen Verständnisses beschäftigen.

Kommen wir jedoch zunächst zu einer abschließenden Bemerkung über die allgemeinen Kennzeichen der naturwissenschaftlichen Theorie. Wie die Vorstellung des idealen Aussagensystems aus der Logik, so stammt die Vorstellung von allgemeingültigen naturwissenschaftlichen Gesetzen aus der Mathematik (Cassirer 1969, 29). Bereits in klassischen Antworten darauf, was eine Wissenschaft von einer Nichtwissenschaft unterscheidet, wird deutlich, dass Allgemeinheitsgrad und Notwendigkeit der jeweiligen Erkenntnis eine gravierende Bedeutung besitzen. »Wahrer Wissenschaft« geht es darum, prinzipielle Bedingungen von Dingen oder Prozessen zu ermitteln. Diese sollen notwendig sein und ewig gelten. Wie das vorangegangene Kapitel deutlich machte, wird dabei eine Regelmäßigkeit, Geordnetheit und Einfachheit der Welt unterstellt. Aussagen, die diese Einfachheit in uneingeschränkter Gültigkeit zum Ausdruck bringen, werden als Naturgesetze bezeichnet. Wie Charles Sanders Peirce (1991, 292) formuliert, sollten Naturgesetze von jeglicher Ausnahme frei sowie von vollendeter Genauigkeit sein. Ein Naturgesetz gilt jedoch zudem als Gesetzesaussage der Naturwissenschaft, die empirisch bewährbar ist. Sie bringt in universeller Weise einen Grundzug der Natur zum Ausdruck. Die Tatsache, dass es von Naturgesetzen keine Ausnahme geben sollte, unterstreicht auch Karl Popper, wenn er Naturgesetze als *Verbote* auffasst (Popper 1994, 39). Poppers Auffassung von Falsifikation erklärt sich genau aus dieser Annahme. Falsifikation ist dann ein Nachweis, dass ein vom hypothetisch angenommenen Naturgesetz verbotener Vorgang dennoch existiert.

Die Frage, ob die Biologie diesen Ansprüchen an eine ideale wissenschaftliche Theorie genügen kann, hat für die theoriezentrierte Wissenschaftsphilosophie zentrale Bedeutung. Die Antwort auf diese Frage wird zum Prüfstein, ob es sich bei der Biologie um eine exakte Wissenschaft handelt oder nicht. Zudem wird »exakt« zumeist mit »eigentlicher« Wissenschaft gleichgesetzt. Ob die biologische Theorie den genannten Ansprüchen genügen kann, stellt entsprechend die Messlatte für die Wissenschaftlichkeit der Biologie überhaupt dar. Verfolgen wir deshalb diese Frage auf den verschiedenen Ebenen der theoretischen Sphäre und berücksichtigen dabei die genannte kontextualistische Sichtweise sowie die Bedingungen des biologischen Gegenstandsbereichs.

Individuelle Begriffe

Bereits auf der Ebene einzelner Begriffe zeigt die Biologie bestimmte Abweichungen vom Idealbild der klaren und distinkten Begrifflichkeit. Carnap war noch davon ausgegangen, dass die Bedeutung von Wörtern in wissenschaftlichen Sätzen möglichst exakt festzulegen sei (Carnap 1986, 369f.). Wir hatten schon gesehen, dass Ludwik Fleck dieses logische Ideal aus der Perspektive seiner an der Biologie und Medizin ausgerichteten Studien kritisierte. Vor dem Hintergrund seiner Konzeption vom Denkstil ist die Vorstellung einer fixierten Bedeutung von einzelnen Begriffen für den Anwendungskontext der Biomedizin verfehlt. Sie verkennt erstens die historischen Bedingungen der Begriffsgenese und Begriffsentwicklung. Sie verkennt zweitens die Tatsache, dass gerade in differenzierten Wissensgebieten die Begrifflichkeit verwickelter und zusammenhängender wird. Die einzelnen Begriffe definieren sich hier gegenseitig und werden zum logisch unentwirrbaren Geflecht (Fleck 1980, 73). Die ideale Vorstellung vom Begriff verkennt damit drittens, dass Begriffe der Naturwissenschaften ihre Bedeutung nicht allein aus dem Zusammenhang eines logischen Ableitungssystems gewinnen. Sie ergibt sich vielmehr im Kontext des sachgebundenen »Denkgebiets«, d.h. des naturwissenschaftlichen Forschungsprogramms. Unter diesem Gesichtspunkt erweist sich das Ideal der Begriffsklarheit und -eindeutigkeit letztlich ebenfalls als Ausdruck eines Denkstils.

Wir hatten schon am Beispiel biologischer Analogiemodelle gesehen, dass einige zentrale Konzepte der Biologie nicht als klare und eindeutige Begriffe fungieren. Vielmehr übernehmen sie die Funktion von Metaphern und Analogien. Unter dem Gesichtspunkt einer dem Ideal der Klarheit verpflichteten theoriezentrierten Wissenschaftsphilosophie kommt solchen Modellen allerdings keine Funktion im Sinne einer positiven theoretischen Erklärung zu (Hempel 1977, 160ff.). In der Biologie werden solche Formen jedoch gerade bei Brückenschlägen zwischen bisher getrennten Theorie- und Gegenstandsbereichen eingesetzt. Ersichtlich wurde weiterhin, dass in diesem Fall die Bedeutung der verwendeten Metaphern erst bei Berücksichtigung des umfassenden historischen und methodologischen Kontextes verständlich wird. Das Beispiel des Begriffs »Potenzialität« im ersten Kapitel zeigte zudem, dass zu diesem Kontext neben bestimmten Methodenanforderungen oder konkreten Untersuchungsobjekten immer auch philosophische Vorannahmen gehören. Einerseits werden damit die jeweiligen historisch-sozialen Bedingungen relevant, andererseits resultiert der enorme Bedarf an Metaphern und Analogien aus den Erfordernissen bei der Suche nach Einheit in einem vielfältigen Gegenstandsfeld.

Ein weiteres Beispiel für die besonderen Bedingungen der Begriffsbildung und -verwendung in der Biologie sind die unscharfen Begriffe, die der Biologe Bernhard Hassenstein »Injunktionen« nennt (Hassenstein 1976, 368). Es handelt sich um sachbezogene und beschreibende Begriffe. Die zur Begriffsbestimmung herangezogenen Kriterien liegen hier nicht in allen betrachteten Fällen gleichermaßen vor, sondern verschwinden »gegen den Rand des vom Begriff repräsentierten Sachbereichs hin allmählich, fließend«. Eine erste Bedingung für die Verwendung unscharfer Begriffe ist somit, dass der Gegenstandsbereich keine Ansatzpunkte für scharfe Grenzziehungen bietet, sondern ein heterogenes Kontinuum von Merkmalen vorliegt. Kennzeichnend für Injunktionen ist zweitens, dass für die Begriffsbestimmung mehrere, unabhängig voneinander variierende konstitutive Merkmale existieren. Beide Bedingungen sind offensichtlich wegen der Vielfalt und Heterogenität der Objekte und Phänomene gerade in der Biologie relevant. Mit der Verwendung von unscharfen Begriffen soll erreicht werden, dass bei der begrifflichen Erfassung eines Objektbereichs nicht große Anteile der in der Forschung als relevant erachteten Merkmale zugunsten der Typisierung außer Betracht gelassen werden. So wie die logische Idealsprache auf das Ziel der Vereinheitlichung und Klarheit ausgerichtet ist, so die Injunktion auf die sachbezogene Bezeichnung eines heterogenen Objektfelds.

Neben »Pflanze«, »Tier«, »Leben«, »Balz« nennt Hassenstein als Beispiel für solche unscharfen Begriffe vor allem »Individuum«, ein Begriff, der gerade unter evolutionären Voraussetzungen eine enorme Relevanz entfaltet. Sowohl unter historischen als auch unter systematischen Gesichtspunkten handelt es sich um ein zentrales biologisches Konzept, das immer auch eine philosophische Konnotation hat (Köchy 2000). Bereits die philosophische Kontroverse um Trembleys Polypenversuch im vierten Kapitel erwies sich auch als Streit um den Status biologischer Individuen. Ebenso sind die erwähnten Auseinandersetzungen zwischen entwicklungsbiologischen Forschungsprogrammen im 19. Jahrhundert in zentralen Punkten Debatten um ein möglichst adäquates Konzept vom Individuum (vgl. Lange 1876, II, 249-253). Während die romantische Biologie im Anschluss an Goethes Konzept der »Versammlung« auf eine ganzheitliche und doch heterogene Organisation biologischer Individuen setzte, votierten die Anhänger der analytischen Schule für ein elementaristisches Verständnis. Man sprach von Elementarorganismen und sah nach Rudolf Virchows *Cellularpathologie* (1858) Zellen als Individuen an. Diese Diskussion ist von verschiedenen Modellorganismen begleitet – Goethe bezog sich etwa auf Beobachtungen am Brutblatt (*Bryophyllum*) (vgl. Troll 1932, 55 ff.). Zugleich sind die Vorstellungen jeweils abhängig vom Stand der Untersuchungstechnik, etwa vom Stand der mikroskopischen und präparativen Verfahren im Fall der Konzeption vom Elementarorganismus.

Diese Beispiele belegen erstens die historische Dynamik des biologischen Individuumbegriffs. Zweitens wird deutlich, dass die Begriffsverwendung jeweils nur bei Berücksichtigung eines Kontextes von Vorannahmen in Forschungsprogrammen verständlich wird. Drittens kann der Begriff »Individuum« – und das aus sachimmanenten Gründen – den logischen Forderungen nach Klarheit und Distinktheit nicht gerecht werden. Logisch oder ontologisch kann man erstens unter »Individuen« in Ableitung vom lateinischen *individuum* das Unteilbare und Elementare verstehen. Dann muss man konstatieren, dass Biosystemen diese Eigenschaft nur in bestimmten Hinsichten und unter bestimmten Bedingungen zukommt (vgl. Kap. 5). Sieht man zweitens das »Individuum« als das Singuläre, Einzigartige und Unvergleichliche, dann ist ebenfalls festzustellen, dass Einzigartigkeit in der Biologie stets im evolutionären Kontext verstanden werden muss, was einen evolutionären Verwandtschaftszusammenhang der Stammesgeschichte bedingt. Dennoch ist die Einzigartigkeit der Individuen unbezweifelbar. Der Biologe Edward O. Wilson (1992, 23) verweist darauf, wenn er konstatiert, dass unter den Insekten allein in der Überfamilie der Ameisen (Formicoidea) zu jedem Zeitpunkt etwa 10^{15} Individuen gleichzeitig leben, die wegen des hohen Grades an genetischem Polymorphismus alle genetisch einzigartig sind. Drittens ist mit der Vorstellung von »Individuum« auch seine durchgängige Stabilität verbunden, die mit den Begriffen »Erhaltung« oder »Beharrung« (Bertalanffy 1937, 61) gefasst wird. Angesichts der Verbindung von Systemidentität und Systemdynamik bei allen biologischen Systemen ist auch dieser Aspekt stets nur bedingt zuzuschreiben. Die Zellerneuerung und der Zelluntergang in vielzelligen Organismen führen vielmehr zu einem steten Wandel der Systemzusammensetzung biologischer Individuen.

Man könnte aus diesem Faktum den Schluss ziehen, die Anwendung des Begriffs »Individuum« auf biologische Systeme sei verfehlt und die in den kontextuellen Bedingungen seiner Verwendung deutlich werdende »subjektive« Färbung dieses Begriffs verweise auf dessen Untauglichkeit zur angemessenen Bestimmung von Biosystemen. Die Verwendung unscharfer Begrifflichkeit bedeutete dann entweder das Verfehlen des Ziels exakter und objektiver begrifflicher Bestimmung oder aber eine ideologische respektive strategische Begriffspolitik. In dem letzten Sinne haben Canguilhem (1979, 59ff.) und Löwy (1993) den Begriff »Individuum« gedeutet. Löwy geht es um die medizinischen und biochemischen Definitionsversuche von biologischer Individualität auf der Basis der humoralen Bedingungen der Immunabwehr. Dabei erklärt sie die begrifflichen Unschärfen vor allem aus soziologischen Motiven als sprachliche Strategie, die eine Integrationsfunktion erfüllt. Demnach sind unscharfe Begriffe »boundary concepts«, die in wissenschaftlichen Umbruchphasen der Überbrückung von Inkommensurabilitäten dienen. Indem die wissenschaftliche Gemeinschaft sich auf unscharfe Begriffe zurückzieht, eröffnet sie einen kommunikativen Freiraum, den distinkte und festgelegte Terminologien nicht besitzen. Das ist gewissermaßen gegen die Auffassung des Logischen Empirismus formuliert. Hier hatte man gerade die Idealsprache als Möglichkeit der interdisziplinären Brückenbildung verstanden (Carnap 1992, 102ff.). Einzig Otto Neurath (1882-1945) war in dieser Hinsicht skeptisch und hat in seinem Enzyklopädieprojekt betont, dass Bemühungen um Zusammenhang und Vereinheitlichung »manchmal nicht unzweckmäßig«, aber in der Praxis mit Umsetzungsschwierigkeiten konfrontiert sind (Neurath 1979, 126f.).

Die begriffspolitische Seite der biologischen Terminologie ist unleugbar, und man kann berechtigt die Auffassung vertreten, die politische und ideologische Färbung von biologischen Begriffen spiele eine eminente Rolle bei der gesellschaftlichen und ethischen Bewertung der Biologie. Dietmar Mieth (2001, 63ff.) hat belegt, dass der gesteuerte Bedeutungswandel von Begriffen in den ethischen Debatten um neue Reproduktionstechniken einen enormen Einfluss auf politische und ethische Entscheidungsprozesse hat. Im Fall der Kloniertechniken wurde in den bioethischen Erörterungen im Europarat eine solche Umdeutung der Begriffe »reproduktiv« und »nicht-reproduktiv« vorgenommen, dessen Ziel es war, einen Unterschied in der ethischen Bewertung verschiedener Einsatzformen des Klonens zu erreichen. Während man ursprünglich unter »reproduktiv« alle biologischen Prozesse und Systeme subsumierte, die tatsächlich im Zusammenhang mit der Fortpflanzung stehen, hat man schließlich die Bezeichnung »reproduktiv« in »reproduktives Klonen« nur noch für diejenigen Fälle verwendet, die eine Einpflanzung des Klonierungsprodukts in den Mutterleib vorsahen. Man ließ so bewusst außer Acht, dass auch bei den auf das Reagenzglas beschränkten Verfahren (nun als »nicht-reproduktives« Klonen bezeichnet) potenziell reproduktive biologische Systeme (Embryonen) entstehen oder zerstört werden.

Hinsichtlich der Unschärfe von biologischen Begriffen ist allerdings neben diesen berechtigten Hinweisen auf soziale und historische Mechanismen der Begriffsbildung immer auch zu berücksichtigen, dass *sachliche* Gründe für die Vagheit und Wandelbarkeit der Terminologie vorliegen können. Dies wird sogar in solchen Klassifikationsversuchen anerkannt, die unter formalen Gesichtspunkten und mit dem Interesse an Exaktheit erstellt werden. Mahner und Bunge (1997, 141 ff.) haben beispielsweise den Grundbegriff »proper subsystem of a biosystem« aus sachlichen Gründen unscharf belassen. Ein Grund für die Bildung unscharfer Begriffe zur Beschreibung des Organisationszustands von Lebewesen ist deshalb auch, dass angesichts der Vielfalt möglicher Lebensformen eine große Bandbreite solcher Organisationsniveaus existiert, die als individuelle Biosysteme anzusprechen sind. Das Spektrum reicht vom selbständigen Einzeller über lockere Zellverbände, Aggregationsverbände, Plasmodien, Syncytien, Zellkolonien, Thalli, Filz-, Flecht- und Scheingewebe, hochorganisierte, arbeitsteilig differenzierte, vielzellige Lebensformen bis hin zu (überindividuellen) stockbildenden Formen, symbiotischen und parasitären Vereinigungen.

Populationsmodelle

Von den Begriffen ausgehend kann man die Entwicklung mathematischer Formalismen als nächsten Schritt in der Ausbildung biologischer Theorien sehen. Die Kombination formaler Elemente in Gleichungssystemen und die Verwendung von Gleichungssystemen in mathematischen Modellen stellt eine der Hauptformen naturwissenschaftlicher Verallgemeinerung dar. Diese tritt auch in den modernen Biowissenschaften immer stärker in den Vordergrund. Als *formales Modell* stellt diese Form der Abstraktion durch mathematische Verfahren bereits einen wichtigen Übergang von der anschaulichen Darstellung zur Theorie dar (vgl. Kap. 4). Andererseits ermöglicht die Mathematisierung in Kombination mit den Potenzialen der elektronischen Datenverarbeitung auch Übergänge zum Experiment (vgl. Kap. 5). In diesem Fall fungieren die Modelle als besondere Form des »Gedankenexperiments«, als *Simulationsmodell.* Auch die aus der Ingenieurstechnik bekannte Kombination von numerischen mit materiellen Modellen wird in verschiedenen biologischen Fragestellungen – etwa im Kontext der Bionik – angewandt.

Mathematische Modelle dienen somit als »nützliche Abkürzung zur Beschreibung komplexer [...] Systeme« (Odum 1980, I, 450). Sie stellen eine Form von Hypothesen über den vermuteten Zusammenhang der vielfältigen Parameter eines Ereignisganzen dar. Ein aussagekräftiges Beispiel für die speziellen Bedingungen solcher mathematischen Modelle in der Biologie stammt aus der Ökologie. Es wird in der Biophilosophie immer wieder diskutiert (Rosenberg 1985, 213 ff.; Sober 1993, 76 f.) und ist auch insofern bedeutsam, als gerade die Ökologie erst eine kurze Karriere als biowissenschaftliche Teildisziplin hinter sich hat (Trepl 1994, 11 f.). Vielfach wird gegenüber der Ökologie deshalb der Vorbehalt geäußert, sie bleibe lediglich beschreibend und orientiere sich zu stark am Einzelfall. Auch wenn diese Vorbehalte ihre sachlichen Gründe in den speziellen Forschungs- und Praxisbedingungen der Ökologie haben, so ist doch im Gegenzug und als Antwort auf diese Schwierigkeit gerade ein verstärkter Einsatz mathematischer Verfahren und Werkzeuge festzustellen. In der frühen Ökosystemforschung treffen beide Ansätze aufeinander. Einerseits kritisiert man hier von einer holistischen Warte aus alle Verfahren der Vereinfachung und künstlichen Separation von Parametern, andererseits hat jedoch gerade der Systemgedanke eine Reihe von operationalisierbaren Ansätzen befördert, die auch einen Trend zur Mathematisierung beinhalten.

Das folgende Beispiel stammt aus der klassischen Phase der Populationsökologie in den 1920er Jahren. Es ist in unserem Zusammenhang deshalb von Interesse, weil es einen Ideentransfer aus dem Bereich der Populationsbiologie in die Ökologie repräsentiert und insofern für einen innerbiologischen Brückenschlag steht. Zudem werden dabei mathematische Ideen und theoretische Ideale der Physik auf die Ökologie übertragen. Die Rede ist vom Lotka-Volterra-Modell zur Berechnung der Dynamik der Beziehungen zwischen biologischen Populationen. Betrachten wir zunächst den *Kontext der Genese* dieses Modells. Erneut sind wir auf ein komplexes Netzwerk von inner- und außerwissenschaftlichen Faktoren verwiesen. Die mathematischen Ansätze von Alfred James Lotka (1880-1949) und Vito Volterra (1860-1940) entstanden zeitgleich, aber relativ unabhängig voneinander (Kingsland 1988, 98 ff.). Im Gegensatz zu den unmittelbar aus biologischen Fragestellungen erwachsenen klassifikatorischen Ansätzen der Feldbiologie und der biologischen Systematik (vgl. Trepl 1994, 178) kamen diese beiden Ansätze aus der Mathematik. Beide suchten jedoch, wenn auch aus unterschiedlichen Gründen, eine Anbindung an biologische Phänomene.

Lotka hatte seine ursprünglichen Überlegungen als Teil einer umfänglichen allgemeinen Systemtheorie formuliert, die Ähnlichkeit mit Ludwig von Bertalanffys (1901-1972) *Allgemeiner Systemtheorie* aufwies. Dieser Ansatz war auf möglichst breite Anwendung ausgelegt und zur Beschreibung ganz unterschiedlicher Systeme bestimmt. Der spezifische Bezug zur Biologie ergab sich zufällig und stellte auch den Versuch Lotkas dar, die Umsetzungsrelevanz seiner formalen Überlegungen zu demonstrieren. Dabei waren es insbesondere die epidemiologischen Arbeiten von Sir Ronald Ross (1857-1932) zur Malaria sowie die Studien von William Robin Thompson (1887-1972) zur Abhängigkeit zwischen Parasiten- und Wirtspopulationen, die Lotka als mögliche Anwendungsfälle seiner Gleichungen verstand. Hier wird auch die *mathematische Konzeptualisierung* von biologischen Bedingungen deutlich: William Robin Thompsons Arbeit nämlich war vollständig auf das Ideal der mathematischen Methode ausgerichtet. In Anlehnung an die mathematische Biologie der Struktur, die sein Namensvetter D'Arcy Wentworth Thompson (1860-1948) in *On Growth and Form* (1917, Thompson 1983) entwickelt hatte, verstand er seine Untersuchung zur zyklischen Entwicklung von Parasitenpopulationen als *den* Ansatz für eine mathematische Biologie der Interaktion (Kingsland 1988, 101). Auch Lotka blieb durch diese Ideale geprägt, wobei er zudem die Daten von Thompson als Bestätigung von Herbert Spencers (vgl. Köchy 2003, 416 ff.; Köchy 2007) philosophischen Spekulationen über die notwendige Balance zwischen den Kräften der Zunahme und Abnahme in der Evolution interpretierte (Kingsland 1988, 103).

Weitere Elemente des Kontextes werden in den Überlegungen von Vito Volterra deutlich. Wieder ergab sich die biologische Anwendung eher zufällig. Auch Volterra arbeitete mit einem Forschungsansatz, der auf möglichst umfassende Geltung der entwickelten Formalismen angelegt war. Als Vorbild fungierte dabei ein *physikalisches Modell.* Individuelle Lebewesen in Populationen deutete Volterra in Analogie zu Molekülen in Gasen. Dieses hatte eine ideale und formale Fassung möglicher Interaktionsweisen, die Annahme einfacher »Individuen« (qua Moleküle) und die Voraussetzung einer homogenen »Population« (qua Gas), zur Folge. Diese Idealisierungen entsprechen den im zweiten Kapitel erwähnten Konzepten der Identifizierung von biologischen Forschungsobjekten mit mathematischen oder physikalischen Gegenständen.

Den Bedingungen der Anwendung in bioökologischen Fragestellungen konnten diese idealen Vorgaben von Lotka und Volterra allerdings nur bedingt gerecht werden. Angesichts des Erfordernisses, die mathematischen Modelle dem biologischen Gegenstandsbereich anzupassen, kam es deshalb zu aussagekräftigen Modifikationen des Ansatzes. Wieder sind es die Differenzen zwischen realen biologischen Systemen und idealen physikalischen Vorbildern, die einen Teil der auftretenden Probleme erklären. Allerdings macht sich nun die neue Stufe der Abstraktion in mathematischen Modellen bemerkbar. Gehen wir zur Prüfung dieser Behauptung vom Kontext der Genese zum *Kontext der Geltung* über. Die mathematischen Modelle in der Biologie sind dem methodischen Ideal der auf Allgemeinheit gerichteten Wissenschaft verpflichtet. Ein Aspekt dieser im Zuge der Formalisierung eintretenden Verallgemeinerung kommt im Fall des Lotka-Volterra-Modells darin zum Ausdruck, dass es (verglichen mit dem obigen Beispiel des unscharfen Begriffs »Individuum«) nicht mehr um konkrete einzelne *Lebewesen* geht, sondern um *Populationen.* Allerdings ist sowohl der logische als auch der biologische Status von Populationen mindestens ebenso umstritten wie der von Individuen oder Arten (Mayr 1991, 226 ff.; Mahner, Bunge 1997, 153 f.; Hull, Ruse 1998, 293 ff.). Selbst unter primär biologischen Gesichtspunkten (Odum 1980, I, 253 f.)

wird ersichtlich, dass Populationen einerseits Attribute besitzen, die sie mit einzelnen Lebewesen teilen, und andererseits Gruppenattribute. Die Rede von »Populationen« bringt also zunächst zum Ausdruck, dass typische oder statistische Funktionen berücksichtigt werden sollen, so wie es schon das Gasmodell von Volterra nahelegt. Die Aussagen des Modells beziehen sich nicht mehr auf konkrete einzelne Fälle, sondern repräsentieren einen allgemeinen statistischen Trend.

Zu den Eigenschaften, die Populationen mit Individuen gemeinsam haben, gehört allerdings ihre Entwicklungsdynamik. Deren Gesetzmäßigkeit sollen die Formeln von Lotka und Volterra beschreiben. Die Gleichung hat somit die allgemeine Funktion, die Verhältnisse von Populationsgrößen und ihre Dynamik zu berechnen und darzustellen. Dabei wird von zwei verschiedenen Populationen in einer gemeinsamen Umwelt ausgegangen, die untereinander in einem bestimmten biologischen Verhältnis stehen (eine Population verhält sich etwa als Räuber der anderen). Die Gleichung postuliert eine Oszillation der Populationsgrößen um fixe Werte, so dass sich letztlich ein Gleichgewichtszustand im Verhältnis der beiden Populationen einstellt. Berücksichtigen wir nun die Frage der Anwendung dieser mathematischen Formalismen auf den biologischen Fall, dann wird der Unterschied zwischen dem logischen und dem naturwissenschaftlichen Unterfangen deutlich: Während logische Systeme ausschließlich nach internen Parametern (wie der Widerspruchsfreiheit ihrer Annahmen) zu bewerten sind, müssen sich formale Ansätze in den Naturwissenschaften auch in ihrer sachbezogenen Anwendbarkeit bewähren. Wie Michael Begon (Begon et al. 1991) feststellt, ist ein Modell in der Ökologie nur dann von Nutzen, wenn es reale Situationen und Daten auf »angemessene« Weise darstellt. Was »angemessen« dabei genau bedeutet, ist im naturwissenschaftlichen Kontext weit weniger eindeutig als im logischen Kontext. Ohne auf die Details dieser Frage eingehen zu können, bleibt das Faktum hervorzuheben, dass Naturwissenschaftler sich nicht primär für Idealisierungen an sich interessieren. Sie suchen vielmehr nach einem Vergleich zwischen Idealfall und realer Situation. Die biologische Relevanz des Lotka-Volterra-Modells hängt deshalb davon ab, ob die Populationsdynamik im Freiland mittels dieser Gleichung in bestimmten Grenzen vorhergesagt werden kann oder nicht.

Den Erfordernissen der biologischen Feldforschung genügt es dabei nicht, wenn die Prognose lediglich die Qualität eines allgemeinen Postulats hat. Vielmehr muss die Vorhersage spezifiziert und konkretisiert werden (Rosenberg 1985, 214). Es geht darum, welche Entwicklungen oder Zustände in bestimmten Situationen tatsächlich zu erwarten sind. Damit ist eine Anpassung der idealen Ausgangsgleichung an die Randbedingungen vor Ort gefordert. Jedoch nicht nur der konkrete Anwendungskontext ist typisch biologisch, sondern auch die Kombination von allgemeinen Mustern und Einzelereignissen, die im Modell vorgenommen wird. Elliot Sober (1993, 76) hat darauf hingewiesen, dass in diesem Fall nicht allein auf physikalische Kategorien zurückgegriffen werden kann. Zwar sind die einzelnen im Modell zusammengefassten Ereignisse immer *auch* physikalisch erklärbar, das biologische Modell fasst sie jedoch auf eine genuin *biologische Weise*. Damit werden die unterschiedlichen physikalischen Mechanismen des Beutefangs, der Verdauung, der Zusammensetzung biologischer Populationen und deren Beziehung zu den jeweiligen Umweltbedingungen unter einem spezifisch biologischen Blickwinkel integriert. Nach Sober ist die Gemeinsamkeit etwa zwischen Löwen und Venusfliegenfallen, die beide in der vorliegenden Gleichung als »Räuber« auftauchen könnten, nur unter biologischen, nicht aber unter physikalischen Gesichtspunkten evident.

Im biologischen Anwendungskontext ändert sich jedoch noch mehr. Die Ausgangsgleichungen von Lotka und Volterra waren enorm vereinfacht. Die Reduktion biologischer und umweltbezogener Faktoren ging in der Ursprungsgleichung unter dem Ideal der mathematischen Einfachheit so weit, dass letztlich nur drei Parameter (Populationsdichte, Nettowachstumsrate und Beutefangrate) enthalten waren. Zudem lag diesen Parametern eine ganze Reihe idealer Annahmen zugrunde. Wir sahen bereits, dass Volterra biologische Populationen vereinfacht wie eine Ansammlung von Molekülen in einem idealen Gas behandelte. In dem Anfangsmodell ist darüber hinaus der Einfluss der Populationsdichte auf die Dynamik der Population vernachlässigt. Man ging von ideal-homogenen Populationen aus. Selbst wenn man sie nicht als Moleküle konzeptualisierte, so waren Individuen doch stets standardisiert, und Differenzierungsparameter wie Alter, Ernährungszustand, Größe oder Geschlecht wurden ausgeblendet. Auch die Zusammensetzung der Population über die Zeit wurde als unveränderlich angenommen, und zyklische Veränderungen, wie sie etwa im Jahresgang auftreten können, wurden nicht berücksichtigt. Im Prozess der Anpassung des mathematischen Modells an biologische Fragestellungen wurde jedoch die Idealisierung zum Teil zugunsten eines zunehmenden Realismus aufgegeben. Zur Verbesserung von Prognosen wurden in das Modell immer mehr Parameter einbezogen (vgl. Begon et al. 1991, 371 ff.). Darüber hinaus wird es immer Fälle geben, die aufgrund von in der Modellrechnung nicht berücksichtigten Faktoren nur bedingt wiedergegeben werden können. Odum (1980, I, 301 ff.) nennt beispielsweise die zyklische Entwicklung der Population von kanadischen Schneeschuhhasen, die zwar in Teilen auf die Bejagung durch den Luchs zurückgeht, die jedoch auch dort, wo eine solche Bejagung nicht stattfindet, zyklisch bleibt. Ein anderes Beispiel ist die Dynamik der Schneeeulen-Population in den

USA, die durch die Abwanderung von Vögeln aus dem ursprünglichen Verbreitungsgebiet regelmäßig von idealen Berechnungen abweicht.

Für die mathematische Modellierung in der Biologie ist daraus der Schluss zu ziehen, dass neben Verallgemeinerbarkeit und Reproduzierbarkeit auch Singularität und Vielfalt eine Rolle spielen. Die mathematische Modellierung hat im biologischen Anwendungskontext ihr Ziel nur dann erreicht, wenn die biologische Dynamik so identifiziert ist, dass eine beobachtete Veränderung in einen theoretischen Prozess überführt wird, der dann auf die realen Bedingungen im Ökosystem zurückbezogen werden kann (Breckling 1990, 58). Auch im Fall der Modellierung ökosystemarer Bedingungen basieren die Grenzen der Anwendung mathematischer Modelle auf dem Moment der Singularität einerseits sowie den qualitativen Eigenschaften der zu beschreibenden Phänomene andererseits. Damit ist der Einsatz des mathematischen Verfahrens nicht nur von subjektiven Zielsetzungen, sondern auch von den Eigenschaften des Objektfelds abhängig. Beispielsweise zeigen Differentialgleichungsverfahren ihre Anwendungsgrenzen dann, wenn aufgrund der biologischen Fragestellung nicht davon abgesehen werden kann, dass die darzustellende Dynamik »durch Organismen, d.h. durch diskrete und voneinander unterscheidbare Individuen bewirkt wird« (ebd., 139).

Bei aller Konkretisierung bleibt somit der ideale Charakter des formalen Ansatzes erhalten. Die mathematischen Modelle der Biologie basieren darauf, dass aus theoretischen oder pragmatischen Gründen (z.B. der Rechenbarkeit) eine Idealsituation vorausgesetzt wird, die den realen Fällen im Freiland (oder selbst im Labor) stets nur bedingt oder mit Blick auf bestimmte Forschungsfragen gerecht werden kann. Im Fall der Berechnungen der Populationsdynamik bleibt so immer eine Typisierung erhalten. Das simulierte Geschehen findet in einer virtuellen homogenen Umwelt statt, die festen räumlichen und zeitlichen Grenzziehungen unterworfen ist. Das Beispiel des Lotka-Volterra-Modells zeigt jedoch auch, wie sehr die evolutionäre Heterogenität biologischer Phänomene sowie deren Individualität und Einzigartigkeit zusammen mit der komplexen Wechselwirkung vieler Parameter (in Ökosystemen) den Einsatz und die Erklärungskraft abstrakter mathematischer Modelle in der Biologie formen können. Neben der vom naturwissenschaftlichen Ideal geforderten Suche nach allgemeinen Gesetzmäßigkeiten besitzen deshalb die je individuellen »Wechselwirkungen« in bestimmten Umweltarealen als essenzielle Randbedingungen der Simulation eine besondere biologische Relevanz. Diese können den Geltungsbereich allgemeiner Muster einschränken und Ergänzungen, Modifikationen und Erläuterungen der Darstellung erforderlich machen. Zu dieser Konsequenz gelangt man für alle biologischen Verallgemeinerungen. Stets hat man es mit empirischen Generalisierungen zu tun, die einen genau umschriebenen Anwendungs- und Geltungsbereich besitzen. Für die Verhaltensforschung etwa schlussfolgert Robert A. Hinde (1973, I, 23): »Generalisierungen zum Verhalten und Feststellungen über deren Gültigkeitsbereich müssen Hand in Hand gehen.«

Fortpflanzungsgesetze

Bereits die mathematischen Modelle zeigten, dass der Sinn der Formalisierung in der Erfassung von Gesetzmäßigkeiten und Regularitäten besteht. Die Bestrebungen von Lotka und Volterra waren nicht auf das Einzelgeschehen gerichtet, sondern auf die Gesetze von ökologischen Prozessen – oder, sogar darüber hinausgehend, auf die Gesetze von dynamischen Systemveränderungen überhaupt. Die Existenz oder die Rolle solcher Gesetze in der Biologie ist allerdings in der Philosophie der Biologie durchaus umstritten. Vor allem biologische Fachvertreter haben auf diesen Punkt verwiesen. Ernst Mayr (1991, 31 f.) hat die Existenz von allgemeinen biologischen Gesetzen in Zweifel gezogen und betont, biologische Verallgemeinerungen seien stets statistischer Natur und ließen viele Ausnahmen zu. Sie würden zudem jeweils nur für klar umgrenzte Bereiche gelten. Gesetze der Biologie sind demnach für Mayr *empirische Verallgemeinerungen* auf hohem Niveau. Bernhard Rensch (1968, 14 f.) hat sich in ähnlicher Weise geäußert. Hinsichtlich des Geltungsumfangs und der Ausschließlichkeit der Geltung hat er auf die verschiedenen Systemebenen biologischer Phänomene hingewiesen. Während elementare Vorgänge in Stoffwechsel, Vererbung oder Physiologie mittels der Gesetze von Physik und Chemie scheinbar ohne Ausnahmen erklärbar seien, müsse man bei komplexeren Vorgängen in der Biologie feststellen, dass »Regeln« lediglich in einem bestimmten Prozentsatz der Fälle zuträfen. Dieses sei kein Grund, vitalistische Faktoren zu unterstellen, sondern resultiere lediglich aus der komplexen Wechselwirkung und Überlagerung verschiedener gesetzlicher Einflüsse. Zudem ist Rensch von der Existenz von Systemgesetzmäßigkeiten (»Gefügegesetzmäßigkeiten«) überzeugt. Lebewesen erweisen sich somit für ihn als Ganzheiten, »bei denen alle Reaktionen von ihrer Einfügung in diese individualisierten Einheiten mitbestimmt werden«. Unter einem anderen Gesichtspunkt hat Alfred Gierer (1988, 56 ff.) diesen Aspekt in seiner finitistischen Erkenntnistheorie herausgestellt. Auch er geht davon aus, dass sich selbst einfache Aussagen in der Biologie auf weit über 10^{120} Möglichkeiten beziehen können – eine Größenordnung, von der es beliebig unwahrscheinlich ist, dass individuelle Kombinationen je wieder erneut zufällig auftreten. Als Beispiel für solche Fälle nennt Gierer Aussagen, die für alle biologisch möglichen Nachkommen einer Generation gelten sollen. Bei der geschlechtlichen Vermehrung höherer Organismen werden Chromosomen und Chromosomenteile so kombiniert, dass die Zahl möglicher Kombinationen in der genannten Größenordnung liegt. Behauptungen, die für alle möglichen Mitglieder dieser Gattung gelten sollen, betreffen damit eine solche Zahl von Einzelfällen, dass man diese niemals alle nacheinander hinsichtlich der postulierten Eigenschaft überprüfen kann. Solche Aussagen erfordern damit die Einführung theoretischer Begriffe und deren Verknüpfung in Gesetzen als Abkürzung – und zugleich als Transzendierung – aller möglichen Einzelfälle.

Berücksichtigen wir nochmals die Überlegungen von Rensch, dann wird bereits das Problem der besonderen evolutionären Bedingungen bei der Postulierung biologischer Gesetze deutlich. Die von ihm aufgezählten *Evolutionsgesetze* erweisen sich samt und sonders als *Regeln*, die unter bestimmten Rahmenbedingungen gelten. Wegen der »Einzigartigkeit der Genkombinationen«, der gemeinsamen Einwirkung vieler Faktoren sowie der komplexen kausalen Relationen müsse man in der Biologie zufrieden sein, wenn man nachweisen oder zumindest wahrscheinlich machen könne, dass die betreffenden Fälle »in signifikanten Prozentsätzen vorherrschen oder dass die Ausnahmen wenigstens ganz eindeutig in der Minderheit sind« (Rensch 1968, 109).

Um den methodologischen Status biologischer Gesetze zu illustrieren, kann man angesichts der philosophischen Aufarbeitung dieses Beispiels und seiner historischen Bedeutung die Mendel-Gesetze betrachten. Damit bleiben wir auch im Rahmen der von Rensch und Gierer vorgebrachten Überlegungen. Gerade das Fallbeispiel Mendel macht die Spannung zwischen biologischen Generalisationen und »Gesetzen« deutlich. Die besonderen Bedingungen biologischer Verallgemeinerung sind bereits daran zu erkennen, dass selbst die innerbiologische Terminologie im Fall von Mendels Konzept uneinheitlich ist. Während man in biologischen Lehrbüchern einerseits von »Mendelschen Gesetzen« spricht, verwendet man andererseits auch die Bezeichnung »Mendelsche Regeln«. Diese innerbiologische Uneinheitlichkeit der Sprachregelung lässt sich auch darauf zurückführen, dass nach dem heutigen Kenntnisstand von einer nur eingeschränkten Gültigkeit der von Mendel aufgestellten Verallgemeinerungen auszugehen ist, denn es ist eine Reihe von Ausnahmen, Ergänzungen und Erweiterungen bekannt. Die von Mendel formulierten Gesetze basieren auf Kreuzungsexperimenten und sind methodisch durch die Isolierung möglichst vieler Parameter, die Auswahl klar unterscheidbarer Merkmale sowie die Anwendung statistischer Verfahren gekennzeichnet (Löther 1990, 28f.). Mendel kombiniert die Erfahrungen aus der gärtnerischen Züchtungspraxis mit einem mathematischen und experimentellen Verfahren. Es gelingt ihm, eine Analyse der Verteilung von Merkmalen im Erbgang von reinerbigen (*homozygoten*) Linien vorzunehmen. Die Untersuchung bezieht sich somit auf eine ideale Situation: Es geht um Lebewesen, die sich voneinander in genau einem Merkmal (*Allelenpaar* oder *Genort*) unterscheiden. Die Ergebnisse dieser Ein-Faktor-Kreuzungen sind gängiger Schulstoff und werden im »Uniformitätsgesetz«, im »Spaltungsgesetz« und im »Unabhängigkeitsgesetz« (auch »Rekombinationsgesetz«) ausgedrückt.

Unabhängig von der immer wieder gestellten Frage, ob Mendel seine Daten bewusst manipuliert hat, um die gewünschte Eindeutigkeit seiner Ergebnisse zu erzielen, sind die postulierten Regularitäten in ihrer heuristischen Funktion heute unbezweifelt. Sie müssen jedoch angesichts der historischen Dynamik des biologischen Wissens modifiziert und ergänzt werden. Seit den Versuchen Mendels hat sich das Wissen über die Biologie der Vererbung weiterentwickelt. Eine wichtige Station dieser Theorie- und Methodengeschichte ist die mehrfache Wiederentdeckung der Mendelschen Gesetze durch verschiedene Biologen. Eine für den Geltungsumfang von Mendels Überlegungen entscheidende Neuerung ist dann die Mutationstheorie von Hugo de Vries (1848-1935), die auch durch den Wechsel des Modellorganismus zur Nachtkerze (*Oenothera*) bedingt ist. Wie dieses neue Wissen über Mutationen die mendelsche Voraussetzung einer *Unveränderlichkeit* der Vererbungseinheiten in Frage stellte, so wurde durch Einblick in die besonderen Prozesse der »Meiose« und die Chromosomentheorie der Vererbung durch Thomas Hunt Morgan (1866-1945) schließlich auch die Vorstellung der *Abgeschlossenheit* der Vererbungseinheiten aufgehoben. Statt von unabhängig voneinander vererbten Faktoren musste man nun von Koppelungsgruppen und Faktorentausch ausgehen. Wieder ist diese Neuerung auch durch einen Wechsel des Modellorganismus bedingt. Die Morgan-Schule ist vor allem mit der Fruchtfliege *Drosophila* verbunden (Kohler 1994; Brookes 2002). Mit der Entwicklung der Populationsgenetik und der Aufklärung der Doppelhelix-Struktur der DNA waren dann die Vererbungsprozesse nochmals auf einem neuen Niveau zu erfassen, so dass sich die zu erklärenden Phänomene, die eingesetzten Methoden und das Erklärungsideal erneut änderten (Janich 2001, 77 ff.).

Mit dieser Theorie- und Methodenentwicklung sind neue Erkenntnisse verbunden, die den systematischen Geltungsaspekt von Mendels Gesetzen betreffen und die zu Modifikationen des Konzepts Anlass gaben. Heute weiß man, dass die Anwendbarkeit von Mendels Generalisierungen auf Lebewesen beschränkt ist, die einen echten Zellkern besitzen (*Eukaryonten*) und sich sexuell fortpflanzen. Noch genauer gelten sie nur für eukaryontische Samenpflanzen mit Merkmalsdifferenzierung in der Diplophase (Löther 1990, 30). Die in Mendels dritter Regel konstatierte freie Kombination der Erbanlagen ist angesichts der von Morgan entdeckten Genkoppelung eingeschränkt. Eine freie Kombination ist nur bei solchen Genorten zu erwarten, die auf verschiedenen Chromosomen liegen. Die Chromosomentheorie der Vererbung geht deshalb von Koppelungsgruppen aus und postuliert die gemeinsame Weitervererbung bestimmter Gruppen von Genen. Andererseits ist jedoch auch die Koppelung durch das Auftreten von Koppelungsbrüchen eingeschränkt. So kann es zum Genaustausch zwischen homologen Chromosomen kommen (durch *crossing over*). Abweichungen treten auch bei der Vererbung von Merkmalen auf, die auf den Geschlechtschromosomen liegen, so etwa beim Erbgang der menschlichen Blutgerinnung. Weiterhin ist die in der »Uniformitätsregel« enthaltene »Reziprozitätsregel« (es ist in der Regel gleichgültig, ob väterlicher oder mütterlicher Organismus im dominant-rezessiven Erbgang der einen oder anderen Rasse zugehören) durch außerhalb der Chromosomen liegende (extrachromosomale) Erbfaktoren eingeschränkt wie im Fall der weiß-grün-gescheckten Blattfärbung bei Samenpflanzen. Ergänzungen sind auch bei unvollständiger Dominanz oder bei der kodominanten Expression von Allelen notwendig. Schließlich ist die Annahme einer Kontinuität der merkmalsbestimmenden Elemente, wie oben erwähnt, seit der Entdeckung von Mutationen zu modifizieren.

Auf die sich daraus ergebende Frage, ob es sich angesichts dieser Einschränkungen bei Mendels Generalisierungen tatsächlich um »Gesetze« handeln kann, findet man in der Philosophie keine einhellige Antwort. Entschieden verneint beispielsweise John J. C. Smart (1966, 50 ff.) diese Frage. Für ihn gibt es keine biologischen Theorien und keine biologischen Gesetze, denn ein »Gesetz« müsse der Idealforderung genügen, uneingeschränkte universale Gültigkeit zu besitzen. Es dürfe weder explizit noch implizit in seiner Gültigkeit auf einen bestimmten Ort oder ein spezifisches Ding eingeschränkt werden. Aus diesem Grund sind die bekannten Einschränkungen der Mendelschen Gesetze (ebd., 53) ausreichend, um ihnen den Gesetzesstatus abzuerkennen. Die gesamte Biologie ist demzufolge aufgrund der logischen Struktur und der Art ihrer Erklärungen eine technische Disziplin, sprich eine Kunstfertigkeit ohne wirklichen Anspruch auf wissenschaftliches Prinzipienwissen.

Gegen diese rigide Auffassung, die im rationalistischen Schema der Unterscheidung zwischen gewohnheitsmäßiger Technik und gesetzmäßiger Wissenschaft verbleibt, hat beispielsweise Michael Ruse (1973, 24 ff.) eingewandt, den Idealforderungen von Smart könne prinzipiell kein *natur*wissenschaftliches Gesetz genügen. Methodologisch sei zudem einzuwenden, dass das Kriterium uneingeschränkter Gültigkeit praktisch nicht überprüfbar sei. Nicht nur Biowissenschaftler seien nicht in der Lage, die Gültigkeit der von ihnen aufgestellten Gesetze in fernen Galaxien oder in vergangenen Erdepochen direkt zu überprüfen. Man sei in diesen Fällen auf indirekte Testverfahren angewiesen. Zu diesen gehöre beispielsweise das logische Kriterium der *Kohärenz* (Widerspruchsfreiheit mit bereits akzeptierten Annahmen und Theorien) sowie das pragmatische Kriterium der *Anwendbarkeit* (in einem möglichst weiten Rahmen und unter unterschiedlichen Bedingungen). Bei Erfüllung beider Kriterien werde sich allerdings keine Gewissheit im strengen Sinne von Universalität einstellen. Die innere Entwicklungsfähigkeit und Notwendigkeit zur Ergänzung durch Zusatzklauseln sowie erweiternde Qualifikationen stellten aus diesem Grund Merkmale *aller* naturwissenschaftlichen Gesetzesaussagen dar. Unter diesem neuen Gesichtspunkt lässt sich dann auch den mendelschen Generalisierungen der Charakter einer fundamentalen biologischen Gesetzmäßigkeit zugestehen.

Allerdings bleibt zu berücksichtigen, dass es naturwissenschaftliche Aussagen gibt, die der Idealforderung nach uneingeschränkter Gültigkeit in größerem Umfang nahekommen, als es die Mendelschen Gesetze tun. Selbst wenn man deshalb von der prinzipiellen Vergleichbarkeit biologischer und physikalischer Gesetze überzeugt ist, wird man doch zugestehen müssen, dass angesichts der durch Alfred Gierer herausgestellten Bedingungen Gesetze in der Biologie stets mehr als in anderen naturwissenschaftlichen Disziplinen durch die Heterogenität, die Individualität und die historische Dynamik des Gegenstandsbereichs beeinflusst sind. Gerade in der Biologie wird zudem deutlich, dass Gesetze ihre eigene Geschichte haben. Nicht nur ist hierbei die historische Theoriendynamik zu berücksichtigen, sondern auch die historische Dynamik des mit der Theorie beschriebenen Gegenstandsbereichs. Evolvierende Erklärungskonzepte (Toulmin 1983, 373 ff.) treffen auf evolvierende Phänomene (wie nach neueren Überlegungen vermutlich auch in der Physik). Biologische Gesetze sind somit stets »dynamische« Gesetze, Regularitäten die unter spezifischen historischen Rahmenbedingungen verwirklicht werden. Damit sind stochastische und probabilistische Momente gerade für den Gesetzesbegriff der Biologie relevant (Ruse 1973, 71).

Evolutionstheorien

Angesichts der evolutionären Bedingungen, unter denen die Biologie ihre Ordnungsaufgabe antritt, scheint die Aussicht auf Erfüllung der idealen Ansprüche einer theorienzentrierten Wissenschaftsphilosophie insgesamt gering. Allerdings gilt gerade die Evolutionstheorie immer wieder als Beleg dafür, dass die Biologie den Weg der theoretischen Begründung eingeschlagen hat. So sieht man vor allem in der Evolutionstheorie den vielversprechendsten Kandidaten für *die* biologische Theorie (etwa Ruse 1973, 69 ff.; Rosenberg 1985, 121 ff.; Sober 1993, 5 ff.). Zugleich gibt es jedoch auch hinsichtlich des Theoriestatus der Evolutionstheorie eine ganze Reihe von grundsätzlichen Einwänden. Wieder kann man mit Blick auf das Ideal der Allgemeingültigkeit geltend machen, dass es in der Evolutionstheorie nur um die Entwicklungs- und Veränderungsprozesse von *biologischen* Systemen gehe – die Entwicklung von kosmischen oder gesellschaftlichen Strukturen sei aus der Theorie ausgeklammert. Nun besitzt allerdings jede naturwissenschaftliche Theorie als empirische Theorie ihren jeweils umschriebenen Anwendungsbereich. Eben dadurch unterscheidet sie sich von einer rein logischen Konzeption. Trotz der Beziehung auf eine bestimmte Klasse von Dingen kann die Theorie diese doch mit dem Anspruch der Allgemeingültigkeit betreffen. Sie kann nicht nur auf alle *wirklichen* Dinge einer bestimmten Klasse zutreffen sollen, sondern auch auf alle *möglichen* Dinge.

Ein vor diesem Hintergrund tiefergehender Einwand ist der, die Evolutionstheorie beziehe sich auf einen *einmaligen und individuellen* Prozess, der an einem bestimmten Punkt in Raum und Zeit einsetzt. Sie gelte nur für die Bedingungen hier auf unserer Erde. Erweitern lässt sich dieser Einwand, wenn man zusätzlich betont, dass die evolutionstheoretisch abgeleiteten Verallgemeinerungen selbst innerhalb der biologischen Sphäre nur für bestimmte jeweils *abgegrenzte Bereiche* gelten. Dies ließe sich anhand der evolutionären Regeln von Bernhard Rensch belegen. Darüber hinaus könnte man drittens gegen den Theoriestatus der Evolutionstheorie einwenden, auch in diesen abgegrenzten Bereichen gelte die Theorie nicht für alle einzelnen Bildungen in gleicher Weise, sondern es sei stets eine ganze Reihe von *Ausnahmen, Modifikationen und Sonderregeln* einzuräumen. Viertens kann man die historische Dynamik des biologischen Wissens ins Spiel bringen und konstatieren, es gebe nicht eine, sondern verschiedene, miteinander *konkurrierende Evolutionstheorien*. Damit sind wir erneut bei dem Befund, die Evolutionstheorie sei keine einheitliche Theorie, sondern vielmehr ein Flickenteppich von nur locker verbundenen Teiltheorien. Allerdings wird diese letzte Konsequenz nur bei Ausrichtung am klassischen Ideal der Einheitstheorie als defizitär erscheinen. Gegen die Vorstellung von der Funktion der Evolutionstheorie als einheitliche biologische Theorie mit universalem Anspruch könnte man deshalb gerade aus evolutionsbiologischer Perspektive den für die Biologie typischen Pluralismus (Mayr 1988, 32) betonen. Ein vergleichbarer Befund ergibt sich letztlich auch auf der rein formalen Ebene. Die bisher noch unvollständige formale Analyse belegt, dass die Evolutionsbiologie ein ganzes Netz von Theorien umfasst. Dieses Netzwerk weist eine enge Verzahnung zu anderen Binnentheorien der Biologie auf (beispielsweise zu genetischen oder molekularbiologischen Theorien). Neuere Analysen (Mahner, Bunge 1997, 344 ff.) gehen angesichts dieser Heterogenität davon aus, dass weder eine generelle Theorie der Evolution noch ein System von Bereichstheorien existiert. Vielmehr gebe es nur ein loses Bündel partieller Ansätze.

Bereits an der frühen Rezeption von Darwins Erklärungskonzept durch die Wissenschaftsphilosophie des viktorianischen Englands wird deutlich (Hull in Engels 1995, 67 ff.), weshalb die Deszendenzlehre bei Ausrichtung an den Leitbildern von Mathematik und Physik nicht zum Vorbild für naturwissenschaftliche Exaktheit und Stringenz wird. Diese Bewertungen bringen nicht nur physikalistische Vorbehalte gegenüber der Biologie zum Ausdruck, sie verweisen zudem auf die besonderen Bedingungen des biologischen Gegenstandsbereichs. Unter den Vorzeichen einer theoriezentrierten Wissenschaftsphilosophie müssen diese

Bedingungen jedoch zu Abstrichen vom Idealbild der Wissenschaft führen. Das wird selbst noch in den Analysen von Alexander Rosenberg (1985) deutlich. Obwohl dieser seine Untersuchung unter dem erklärten Ziel beginnt, einen Mittelweg zwischen post-positivistischem Physikalismus und partikularistischem Biologismus zu finden, wird auch bei ihm der Nachweis des naturgesetzlichen Status der Evolutionstheorie zu dem *zentralen* Anliegen. Betrachtet man die Argumentation jedoch im Detail, dann wird klar, dass Rosenberg nicht umhinkommt, den Sonderstatus der Evolutionstheorie anzuerkennen. Wieder ist diese Sonderstellung inhaltlich durch die besonderen Bedingungen des biologischen Gegenstandsbereichs bedingt. Die Evolutionstheorie erweist sich als eine Theorie, die sich auf einen Prozess bezieht, der unter individuellen Anfangsbedingungen an einem bestimmten raumzeitlichen Punkt anhebt. Die Theorie der natürlichen Selektion ist zudem statistischer Natur. Sie erlaubt nur die Feststellung wahrscheinlicher Trends für die Beschaffenheit von biologischen Kollektiven. Das in der Evolutionstheorie beschriebene Geschehen basiert nach dem heute akzeptierten Erklärungsansatz auf einer zunehmenden Variation und Diversität von Lebewesen infolge von Abwandlungen und Fehlern im Reproduktionsgeschehen. Daraus folgt eine Verschiedenheit der Lebewesen. Diese reproduzieren sich dann bei bestimmten Selektionsverhältnissen differenziell. Diese besondere Bedingung des evolutionären Geschehens im Bereich der Lebewesen hat u.a. zur Folge, dass universale und uneingeschränkte Aussagen vom Status notwendiger Allsätze in der Biologie gar nicht zu erwarten sind. Die mit der Evolutionstheorie beschriebenen Einheiten sind vielmehr raumzeitlich begrenzt, unregelmäßig verteilt und heterogen. So zieht auch Rosenberg aus seiner Analyse den Schluss, die gesamte Biologie sei einem am Einzelfall orientierten Forschungsprogramm verpflichtet (Rosenberg 1985, 219).

7. Verantwortung

Die Überlegungen dieser Einführung machen deutlich, dass die traditionelle Auffassung von der Wissenschaft als logisches System ein unzulängliches Bild der Biologie liefert. Biologie wird dementsprechend unter kontextualistischen Vorzeichen als *Forschungsprogramm* aufgefasst. Sie ist eine Summe von Handlungen wissenschaftlicher Akteure, die unter bestimmten methodologischen, soziologischen, ökonomischen und historischen Rahmenbedingungen erfolgt (vgl. auch Rehmann-Sutter 1996). Damit haben wir die Biologie jedoch nicht nur als spezifischen Denkstil eines Denkkollektivs bestimmt, sondern auch als Praxis und Kultur. Es ergibt sich mit dieser Betrachtung hinsichtlich der methodologischen Elemente der Biologie ein Spektrum, das von der Beobachtung über die Darstellung, die modellhafte Formalisierung, die experimentelle Praxis bis hin zur Verallgemeinerung durch Begriffe, Aussagen und Theorien reicht. Im Zusammenhang damit werden auch die materiellen Elemente biologischer Forschung bedeutsam (Modellorganismen, Messinstrumente, Mikroskope, Laboreinrichtungen, Protokolle, Aufzeichnungsgeräte, Visualisierungsmechanismen, Aufzuchtvorrichtungen etc.). Es zeigt sich darüber hinaus, dass die kontextualistische Perspektive bei aller Ausrichtung auf soziale und epistemologische Einflussgrößen keineswegs den Blick auf die speziellen Bedingungen des biologischen Gegenstandsbereichs verstellt. Vielmehr wird gerade unter kontextualistischen Gesichtspunkten ersichtlich, dass die Ausformung biologischer Verfahren immer als Reaktion auf die besonderen Forschungsbedingungen der Biologie verstanden werden muss. Biologie ist nie nur reflexive Tätigkeit oder logische Formalisierung, sondern immer auch eine Form des praktischen Umgangs mit Lebewesen und deren Lebensäußerungen in bestimmten Untersuchungskontexten.

Mit dieser Art der Betrachtung ist die Aufhebung der Isolation der Theorie zugleich in einer anderen Hinsicht verbunden. Wie sich die intime Wechselbeziehung zwischen Theorie und *technischer* Praxis insbesondere vom kontextualistischen Standpunkt aus zeigt, so auch die Verbindung zwischen Theorie, technischer Praxis und *moralischer* Praxis. Gerade für ein kontextualistisches Verständnis von Biologie ist der Brückenschlag von der theoretischen Biophilosophie zur praktischen Bioethik naheliegend. Aus der traditionellen Wissenschaftstheorie im Stile Carnaps hingegen resultierte nicht nur eine deutliche Skepsis gegenüber der klassischen Metaphysik, sondern auch eine Absage an die Ethik. Ethische Reflexionen galten dort als sinnlose Spekulationen über eine nicht existierende Welt von Ideen. Auch wenn Carnap Normen des wissenschaftlichen Programms des Logischen Empirismus formuliert, so handelt es sich doch um rein technische Verpflichtungen, um interne Normen der Methodologie. Es geht um die strenge und verantwortungsbewusste Grundhaltung des wissenschaftlichen Forschers, die sich in der Klarheit der Begriffe, der Sauberkeit der Methoden, der Verantwortlichkeit der Thesen und der Leistung durch Zusammenarbeit äußert (Carnap 1961, XX). Nur in dieser operationalisierten Form haben Gebote und Verbote einen intersubjektiv nachvollziehbaren Sinn. Für alle darüber hinausgehenden Bestrebungen der »Wertphilosophie« führt die logische Analyse hingegen zu einem negativen Ergebnis, und die Sätze dieses Gebiets erweisen sich als gänzlich sinnlos (Carnap 1986, 367 f.).

Wandelt sich allerdings das Verständnis der Wissenschaft in der Weise, dass Wissenschaft nicht mehr als Aussagensystem, sondern als Handlungssystem verstanden wird, dann ändern sich auch die Vorzeichen für die Rolle der Werturteile in der Forschung (Lenk in Lenk 1991, 15). Die in den 1980er Jahren konstatierte Orientierungskrise der Wissenschaft kann deshalb auch als Konflikt zwischen zwei Normensätzen verstanden werden. Es stehen sich die wissenschaftlichen und metawissenschaftlichen Normen einerseits und die moralischen und rechtlichen Normen andererseits gegenüber (Kruse 1985, 121). Wird die soziale Bedingtheit der Wissenschaft berücksichtigt, womit etwa die Biologie auch als historisches und soziales Phänomen und nicht mehr nur als logische Ordnung von Aussagen in den Blick kommt, dann fällt die eindeutige Grenze zwischen internen Normen der Methodologie und externen Einflussgrößen. Es wird vielmehr eine wechselseitige Verbindung erkennbar, die sich auch in dem Konflikt von Normensätzen ausdrückt. Auf der Ebene der Metareflexion hat sich diese Einsicht jedoch erst als Ergebnis eines längeren Reflexionsprozesses durchgesetzt. Thomas Kuhn etwa, der der sozialen Dimension der Wissenschaften eine wesentliche Rolle zuschrieb, hielt letztlich an der Vorstellung einer klaren Grenze zwischen internen und externen Einflussgrößen auf die Wissenschaft fest. Der Schwerpunkt seiner Forschung lag nach wie vor im Bereich methodologischer Normen und deren historischem Wandel. Damit bleibt Kuhn, wie Carnap, auf die *Theorie* der Wissenschaften fixiert. Sein Konzept eines Paradigmenwechsels bedeutet nur insofern eine Änderung im Ethos der Forschung, als die methodologischen Regeln der »guten« wissenschaftlichen Praxis betroffen sind (Kuhn 1991, 116).

Solche Grenzziehungen folgen zunächst durchaus selbst moralisch-praktischen Zielen. Sie sind der Erfahrung geschuldet, wie schnell Wissenschaften bei Aufhebung einer klaren Abgrenzung zu Instrumenten von gesellschaftlichen Interessen verkommen können. Für die Biologie haben beide Totalitarismen des 20. Jahrhunderts in Form der deutschen Rassebiologie und des sowjetischen Lyssenkoismus diese Befürchtungen auf das Schlimmste bestätigt. Als Schutz vor ideologischer Instrumentalisierung und Demagogie hatte deshalb bereits der in dieser Hinsicht paradigmatische Max Weber (1864-1920) seine Überlegungen zur Kathederwertung verstanden (vgl. Keuth in Lenk 1991, 116 ff.; sowie Albert, Topitsch 1971). Nach Weber steht die Wissenschaft in der Verantwortung, ihre empirische Sacharbeit von der Bewertung eindeutig zu trennen. Der Wissenschaftler hat sich qua seiner Funktion als »neutraler« Beobachter im Vollzug der wissenschaftlichen Arbeit von jeglicher ideologischen oder persönlichen Stellungnahme zu enthalten. Nimmt er dennoch Wertungen vor, so sind diese als *persönliche* Einschätzung zu kennzeichnen (Weber 1973). Nach diesem Leitbild geben uns die Naturwissenschaften lediglich Antworten auf die Frage, was wir tun sollen, *wenn* wir das Leben technisch beherrschen wollen, nicht jedoch auf die Frage, *ob* wir es technisch beherrschen sollen.

Bei aller Anerkennung der untadeligen Motive dieser Argumentation verhält sich diese postulierte Idealsituation nahezu diametral zu den realen Bedingungen der biologischen Forschung. Gerade angesichts der technischen Entwicklungen in den Lebenswissenschaften und der wachsenden Dringlichkeit moralischer Fragestellungen (Düwell, Steigleder 2003, 15 ff.) erfüllt die bisherige Grenzziehung ihre ethische Funktion als *focus imaginarius* des Forschungshandelns nicht mehr. Ein Rückzug auf die webersche Position muss im neuen Kontext vielmehr als Immunisierungsstrategie erscheinen. Die Ausbildung der Bioethik als interdisziplinäre Bemühung ist auch als Reaktion auf dieses

Faktum zu verstehen, und die durch die Entwicklungen in Wissenschaft und Technik verursachte *grundlegend neue Qualität* ethischer Fragestellungen ist deshalb der Ausgangspunkt sowohl für die Zukunftsethik Van Rensselaer Potters (1971) als auch für *Das Prinzip Verantwortung* (1984) von Hans Jonas. Dieser Wandel im Verhältnis von Wissenschaft und Verantwortung wird begleitet durch die analoge Umorientierung auf der Ebene theoretischer Reflexionen zur Wissenschaft. Die Erkenntnisse der Science-in-Context-Bewegung (Lenoir 1992, 172 ff.) sowie der nachfolgenden wissenschaftshistorischen und -soziologischen Strömungen (Daston in Hagner 2001, 144 ff.) zeigen, dass jede Grenzziehung zwischen methodologischen und soziologischen Elementen künstlich ist. Unter Berücksichtigung der ethischen Befundlage ist dann jedoch anzuerkennen, dass über den Sinn und die Folgen einer Trennung zwischen biologischer Methodologie und gesellschaftlicher Einbindung der Biologie nicht nur unter *biologietheoretischen* Gesichtspunkten nachgedacht werden sollte, sondern immer auch unter *bioethischen*. Die Entscheidung für das kontextualistische Programm ist deshalb nicht nur wieder eine rein methodologische Festlegung, sondern zugleich auch eine Entscheidung für die Einbeziehung ethischer Überlegungen in das Programm der Biophilosophie.

Bereits in methodologischer Fragerichtung wird eine enge Wechselbeziehung von Normen deutlich: Wie die Studien von Lorraine Daston zur wissenschaftlichen Rationalität und deren Auswirkung auf maßgebliche Normen für Abbildungsverfahren in der Anatomie zeigen (vgl. Kap. 3), bilden gesellschaftliche Normen Teile des wissenschaftlichen Normenkatalogs. Auf der anderen Seite kann sich auch die Wissenschaft nicht mehr auf interne Fragen der Methodologie zurückziehen. Gerade durch die technisch-praktische Ausrichtung der modernen Biologie sind die moralisch-praktische und die gesellschaftliche Relevanz ihrer Forschung stets gegenwärtig. Während klassisch-kontemplative Modelle von Wissenschaft lediglich unter dem Aspekt der *internen Verpflichtung* des wissenschaftlichen Ethos betrachtet werden konnten, gilt für alle neuzeitlich-nutzenorientierten Modelle immer auch der Aspekt der *externen Verantwortung* gegenüber den Folgen wissenschaftlichen Handelns (Jonas in Lenk 1991, 194).

An die Seite der Pflicht zu wissenschaftlicher Strenge und Klarheit tritt deshalb notwendig die Verantwortung gegenüber den Folgen des Wissens und dessen praktischer Nutzung. Dabei wurde schon in den Überlegungen zum Werturteilsstreit geltend gemacht (Schmidt in Albert, Topitsch 1971, 353 ff.; Merton 1972), dass die Praxis der Wissenschaften selbst als Ausgangspunkt für ethische Zielsetzungen fungieren kann. So sind grundsätzliche ethische Vorgaben bereits den Idealen der klassischen Methodologie zu entnehmen – so etwa die Normen der Toleranz, der Kritikoffenheit, der Objektivität oder des Respekts. Schon aus diesem Grund sind Verschiebungen im methodologischen Normenkatalog – etwa im Zuge der Entwicklungen im Patentierungswesen in den Bereichen Molekularbiologie, Gentechnik oder Biotechnologie – auch von ethischem Interesse. Die mit diesen Änderungen einhergehende Modifikation im Selbstverständnis der Disziplinen, die Verschiebungen von Objektivitätsnormen oder die Verlagerung von der Verpflichtung zur Offenheit in Richtung auf Geheimhaltung sind auch bioethisch relevant.

Für die Ethik in der Biologie lassen sich aus der kontextualistischen Perspektive deshalb mehrere Konsequenzen ziehen (Köchy 2002; 2005c; 2007b). Sie betreffen verschiedene Dimensionen der ethischen Debatten um die Biologie. Als generelle Leitlinie gilt: Die Bezugnahme der Bioethik auf die Biowissenschaften kann nach kontextualistischem Verständnis nur unter Rückgriff auf die Rahmenannahmen der Wissenschaft erfolgen. Vorrangig geht es deshalb darum, die versteckten oder die expliziten Werturteile und normativen Setzungen aufzudecken, die das Faktenwissen und seine Anwendung begleiten. Bioethik bedeutet, Handlungen in der Biologie nicht unmittelbar unter Rückgriff auf die empirische Befundlage moralisch beurteilen zu wollen, sondern eine solche Beurteilung mittelbar unter Berücksichtigung des umfassenden Interpretationsrahmens vorzunehmen, in dem sich die Biowissenschaften selbst und ihr Verhältnis zur Welt deuten bzw. in dem sie von anderen gedeutet werden. Dabei sind unterschiedliche Dimensionen des Kontextes zu differenzieren. Viele davon sind uns in der bisherigen Darstellung bereits begegnet.

Lebewesen als moralisch Betroffene (*moral patients*)

Im Folgenden betrachten wir die ethische Relevanz biologischer Forschung und berücksichtigen dabei, an wem oder was die Biowissenschaftler ihre Untersuchungen durchführen, gegenüber wem oder was die Forschungshandlungen vollzogen werden. Diese Frage lässt sich auf verschiedenen Abstraktionsniveaus angehen. Die allgemeinste Ebene, auf der von einer ethischen Qualität biologischer Forschung unter Rücksichtnahme auf die Forschungsobjekte die Rede sein kann, ergibt sich aus der besonderen epistemologischen Situation der Biologie. Damit ist allerdings die Beschränkung auf die Seite des Objekts der Forschung bereits aufgehoben. Wir haben es vielmehr mit einer *Relation* von mindestens zwei Gliedern zu tun. So ist die folgende Erörterung lediglich durch die *Schwerpunktsetzung* auf die Seite des Forschungsgegenstandes bestimmt und hat dabei immer die Beziehung zum Forschungssubjekt im Blick. Auch der ethische Status von Lebewesen ergibt sich dann aus der jeweiligen Wechselbeziehung zwischen dem in einer bestimmten Forschungsrelation unterstellten »ontischen« Status des Forschungsobjekts und den Bedingungen seiner »methodischen« Aneignung.

Die Forschung der Biologie zeichnet sich insbesondere dadurch aus, dass der Mensch als ein Lebewesen mit den Mitteln der Wissenschaft andere Lebewesen untersucht. Die spezifische Selbstreferenzialität dieser Situation und ihre »dialektische« Brechung erzeugen verschiedene ethisch bedeutsame Problemstellungen. Die Dialektik ergibt sich daraus, dass der Mensch die lebenden Systeme nicht qua seiner Eigenschaft untersucht, ebenfalls ein lebendes System zu sein, sondern qua seiner Eigenschaft zusätzlich auch ein denkendes und vernünftiges Wesen zu sein. So führt die ethisch motivierte Biophilosophie von Christoph Rehmann-Sutter zu der zentralen Einsicht, dass wir Menschen als Lebewesen in einer für Lebewesen typischen Weise in der Welt »anwesend« sind. Dennoch ist diese »Anwesenheit« im Kontext der Beschreibung und Interpretation der Welt stets kulturell vermittelt. In dieser Situation befinden wir uns »dem Lebendigen gegenüber« (Rehmann-Sutter 1996, 363). Die notwendige theoretische und praktische Konstruktion von Welt und der in ihr vorkommenden Lebewesen bildet jedoch zugleich den theoretischen Rahmen, in dem wir die für unser Handeln relevanten normativen Voreinstellungen gewinnen.

Dass diese Dialektik zudem eine direkte ethische Seite hat, zeigt sich deutlich, wenn Menschen ihre Forschung an Mitmenschen oder gar an sich selbst vornehmen (Westofen 2005). Otfried Höffe hat auf diese dialektische Spannung in Humanexperimenten verwiesen, bei denen der Wissenschaftler die doppelte Rolle als Forscher und als Mitmensch einnimmt (Höffe 1981, 249). Für die Psychologie hat Kruse (1985) dies näher ausgeführt und auch als Konflikt von methodologischen und ethischen Normensätzen bestimmt. Der zentrale Konflikt entsteht in diesem Fall zwischen den Vorgaben naturwissenschaftlicher Distanz (vgl. Kap. 5) und den interpersonellen Regeln für Distanz und Nähe im sozialen und moralischen Kontext. Wenn ein Mensch zum *Objekt der Forschung* eines anderen Menschen wird, dann unterscheidet sich diese Beziehung wesentlich von allen zwischenmenschlichen Beziehungen des Alltags. Kruse verweist diesbezüglich auf die Normen der Reziprozität. Diese regeln im Alltag eine kontextgemäße Distanz oder Nähe zum *Mitmenschen.* Sie werden im naturwissenschaftlichen Experiment methodisch unterlaufen. Deshalb sind unter ethischen Hinsichten neue Regeln zu fordern, die den Ansatz des Humanexperiments begleiten und ethisch »abfedern«. Eine analoge Situation entsteht auf einem anderen Niveau zwischenmenschlicher Beziehungen im Fall gentechnischer Eingriffe, die die Gefahr bergen, den Mitmenschen nur noch als Objekt der Forschung zu betrachten. Die damit einhergehende grundsätzliche soziale Asymmetrie und die Aufhebung reziprok-symmetrischer Beziehungen bildet das zentrale Argument von Jürgen Habermas (2001) gegen die gentechnisch vermittelte Eugenik.

Für die Biowissenschaften ist allerdings der Aufmerksamkeitsbereich der ethischen Analyse über die Sphäre zwischenmenschlicher Relationen hinaus auszudehnen. Auch für die wissenschaftliche Beziehung von Menschen zu anderen Lebewesen gelten jedoch zunächst analoge Bedingungen. So ist etwa die Beziehung zwischen Mensch und Nutz- oder Haustier sicher durch ganz andere Vorgaben geregelt als der Umgang mit Tieren im Labor. Typisch für den Laborvollzug ist es, so sahen wir, dass die spezifische Selbstreferenzialität oder die über den Anderen (das andere Lebewesen) vermittelte Beziehung methodisch im wissenschaftlichen Vollzug aufgehoben wird. Es geht der Biologie als Wissenschaft gerade nicht darum, die Innenperspektive von Lebewesen zu erfassen oder die Erfassung des anderen Lebewesens als Mittel zur Selbsterkenntnis des Forschers zu verwenden (Orientierungswissen). Die Biologie ist vielmehr auf die Außenperspektive messbarer Bewegungen und Veränderungen in Raum und Zeit sowie auf wissenschaftliches Objektivierungswissen oder technisches Herrschaftswissen festgelegt.

Dennoch bleiben die grundsätzlichen Bedingungen der Selbstreferenzialität in vielen biologischen Forschungsvollzügen präsent. Das zeigte sich vor allem im fünften Kapitel an der Forderung nach Distanz im Experiment. Wie bei dem Verhältnis von Distanz und Nähe in psychologischen oder humanbiologischen Experimenten kann man auch für das verhaltensbiologische Experiment eine entsprechende Dialektik konstatieren. Dies hat Konrad Lorenz (1903-1989) herausgestellt (Lorenz 1992, 307 ff.). Er verweist unter methodologischen Gesichtspunkten zur Kontrolle von Versuchstieren (vgl. Kap. 5) auf den ersten Grundsatz der wissenschaftlichen Tierbeobachtung: »So nahe heran an das Tier wie irgend möglich, aber ja nicht näher, als es ohne eine wesentliche und in ihrem Ausmaße nicht kontrollierbare Störung seines Verhaltens möglich ist.« Diese Maxime ist jedoch offensichtlich mehr als nur eine methodologische Vorgabe. Die ihr zugrunde liegende Spannung zwischen zwei wissenschaftlichen Aufgabenstellungen (Herstellung kontrollierter Bedingungen *und* Vermeidung der Beeinflussung der arteigenen Verhaltensweisen), setzt auch ein ethisches Potenzial frei. Entscheidet man sich unter methodischen Vorzeichen zwischen Freilandbeobachtung und Laboranalyse, dann muss man entweder im Freiland die Beschränktheit der Möglichkeit zum Experiment in Kauf nehmen oder aber im Labor in eine aufwendige Tierhaltung investieren. Im Freiland muss man als Kompensation für die begrenzte Kontrolle eine Untersuchungssituation schaffen, die beispielsweise ein langjähriges Zusammenleben mit den zu untersuchenden Lebewesen beinhaltet. Im künstlichen Lebensraum muss man umfängliche Erfahrungen mit der Tierhaltung sammeln. In beiden Fällen ist ein Moment der *Vertrautheit* im Umgang mit den zu untersuchenden Lebewesen vorauszusetzen. Dies ist zwar zunächst ähnlich wie bei anderen Laborvollzügen (vgl. Kap. 4) rein technisch-operationaler Art. Es stellt jedoch eine moralische Prädisposition der Beziehung zwischen Mensch und Tier her, die sich dem Vertrautheitskontext der Nutz- und Haustierhaltung annähert. So ist nach John Dupré (in Perler, Wild 2005, 304) eine »affektive Bindung« und ein »emotionales Engagement« der Forscher im Fall von Verhaltensversuchen mit Menschenaffen vollkommen nachvollziehbar, da die Wissenschaftler einen beträchtlichen Teil ihres Lebens mit der Erforschung eines »hochintelligenten und interessanten« Geschöpfs verbringen.

Es kann also von der Verhaltensforschung bis zur Molekularbiologie die Notwendigkeit einer Vertrautheit mit dem Forschungsorganismus – ja gar ein »feeling for the organism« – unterstellt werden, die zunächst für die technische Umsetzung der Forschung von Bedeutung ist (Fox Keller 1995; vgl. auch Kruse 1985, 125) und dazu dient, die Effizienz zu steigern. Mit der Vertrautheit wird dann allerdings eine Form der Interaktion zwischen Forschungssubjekt und Forschungsgegenstand eröffnet, die anders als vergleichbare Relationen zwischen Forscher und Forschungsgegenstand in der Physik moralische Qualitäten besitzen kann. Genauer betrachtet erweist sich diese besondere Qualität im weiteren Sinne als eine »Kooperation« oder Wechselwirkung zwischen »Akteuren« (vgl. Kap. 2). Auch im normalen Forschungsvollzug sind Lebewesen nur bedingt passive Forschungsgegenstände im Sinne physikalischer oder mathematischer Objekte. Die in allen praktisch-technischen Forschungshandlungen präsente Widerständigkeit des »Untersuchungsmaterials« besitzt gerade in der Biologie eine Qualität, die die Zuschreibung von »aktiver« Gegenwirkung nahelegt. Damit ergeben sich notwendige Verschiebungen im Netzwerk der Rahmenannahmen, die für unsere normative Voreinstellung gegenüber uns selbst und gegenüber anderen Lebewesen bedeutsam sind. Auch wenn eine Spezifizierung dieser »Aktivität« von Lebewesen – als »Spontaneität« respektive »Intentionalität« – umso problematischer ist, je weiter wir uns phylogenetisch vom Menschen entfernen, entsteht doch grundsätzlich eine besondere ethische Situation. So folgt sowohl aus der *epistemologischen Sonderstellung* der Biologie als auch aus der *ontologischen Sonderstellung* ihrer Untersuchungsobjekte eine bestimmte Antwort auf die Frage nach der *ethischen Sonderstellung* der Biologie.

Damit kann ein dem Humanexperiment analoger Normenkonflikt entstehen. Während die naturwissenschaftlichen Normen im Experiment die neutrale Aufnahme von Daten über das Untersuchungsobjekt fordern und damit vor allem auf Intervention und Manipulation abzielen, kann die moralische Norm aus Mitgefühl mit dem Mitgeschöpf eine Modifikation oder gar den Verzicht der Datenaufnahme und des Eingriffs fordern. Die Lösung dieses Konflikts muss nicht notwendig so aussehen, dass man zugunsten naturwissenschaftlicher Normen und der Freiheit der Forschung widersprechende moralische Normen außer Kraft setzt. Ein historisches Fallbeispiel für einen anderen Ausgang dieses Konflikts sind die Vorbehalte der romantischen Biologen gegenüber dem Experiment (Köchy 1997, 251 ff.; Köchy 1998; Köchy 2007b). In diesem Fall wird allerdings der Konflikt auch dadurch entschärft, dass methodologische Modifikationen vorgenommen werden. Die Vorbehalte gegen das separierende und manipulierende Experiment speisen sich hier sowohl aus ethischen als auch aus ontologischen, methodologischen und epistemologischen Überlegungen. Erkenntnistheoretisch bedeutsam ist das Moment der Teilnahme. Die leitende philosophische

Hintergrundannahme ist, dass der Mensch andere Lebewesen nicht nur von außen, sondern immer auch im Sinne lebendiger Mitgeschöpfe verstehen kann. Moralisch resultiert daraus die Forderung nach Achtung und Anerkennung der Natur und der anderen Lebewesen in ihr, zu denen der Forscher in einen Dialog treten soll.

Wie wir sehen konnten, ist trotz aller spekulativen Elemente dieser Position auch die moderne biologische Forschung von der Notwendigkeit nicht ganz frei, eine solche »Nähe« zum Lebewesen in einigen Vollzüge zuzulassen. Wie bei den interpersonellen Beziehungen der Humanbiologie das Prinzip der Autonomie und Unversehrtheit leitend ist, so kann auch in der auf andere Lebewesen erweiterten Perspektive das Leitbild der Unversehrtheit richtungweisend werden. Ist für manche Forschungsvollzüge die Unversehrtheit bereits *methodisch* relevant, weil ohne sie kein adäquater »biologischer« Befund entstünde, so ist vor allem die *ethische* Konnotation dieses Momentes unübersehbar. Auch wenn zunächst auf die Beziehung zwischen Personen gemünzt, haben deshalb Tom L. Beauchamp und James F. Childress (2001) die exponierte Bedeutung des Respekts vor der Autonomie sowie das Nicht-Schadens-Prinzip zu Recht ins Zentrum der Bioethik gestellt.

Die Erweiterung des ethischen Aufmerksamkeitshorizonts von der Beziehung zwischen Menschen auf die Beziehung zwischen Mensch und anderen Lebewesen hat allerdings viele Facetten. Erneut wirkt sich auch auf dieser Ebene der Betrachtung eine spezifische Bedingung des biologischen Gegenstandsbereichs aus. Auch die Bioethik sieht sich einer Fülle je unterschiedlicher Lebewesen gegenüber, deren biologische Strukturen und Funktionen ganz unterschiedlich komplex sind (Wuketits 2006, 107) und die zudem in den verschiedenen Unterdisziplinen der Biologie bei verschiedenen Forschungsfragen in ganz unterschiedlicher Weise Handlungen des Menschen ausgesetzt sind. Analog zu der epistemologischen Einsicht in die Notwendigkeit einer Differenzierung in verschiedene Arten von Geist (Allen, Bekoff 1997) wäre somit eine entsprechende ethische Differenzierung notwendig. Dabei gehen moderne Interventionen in das biologische Geschehen weit über gängige wissenschaftliche und außerwissenschaftliche Mensch-Lebewesen-Interaktionen hinaus. Für diese Fälle existieren bisher noch keine normativen Vorgaben. Zudem besteht der tradierte Erfahrungshorizont der Ethik zumeist aus Regeln über das gebotene oder verbotene Verhalten gegenüber dem Mitmenschen. Diese Regeln sind zu erweitern, zu ergänzen oder zu modifizieren, damit angemessene bioethische Vorgaben zum richtigen Umgang mit nichtmenschlichem Leben gewonnen werden.

Auf dem neuen Terrain sind wir allerdings nicht so leicht bereit, einen Personenstatus zu unterstellen, wie wir dies beim Mitmenschen tun. Andererseits muss gerade aus einer biologisch-evolutionären Perspektive der innige Zusammenhang zwischen Mensch und nichtmenschlichem Leben unterstrichen werden (Griffin 1976). Zudem resultiert gerade aus biologischen Erkenntnissen die Frage, ob wir dem Menschen wirklich in allen Stadien seiner biologischen und geistigen Entwicklung so unproblematisch einen Personenstatus unterstellen dürfen, wie wir es bisher getan haben. Hier sind infolge der biotechnischen und medizintechnischen Innovationen der letzten Jahrzehnte neue Bestimmungen für Beginn und Ende des menschlichen Lebens notwendig geworden (Schweidler et al. 2003).

Konzentrieren wir uns jedoch auf den tierethischen Fragehorizont. Auch hinsichtlich des Forschungsgegenstands Lebewesen kann implizit – obwohl in der biologischen Forschung methodisch ausgeblendet – eine Sphäre inneren Erlebens unterstellt werden, die je nach evolutionärer Entwicklungshöhe der betroffenen Lebewesen graduell unterschiedlich ausfällt (vgl. Perler, Wild 2005, 11 ff.). Manche glauben sogar, aus den neuen Befunden der kognitiven Neurobiologie, der Autopoiesetheorie oder der Entwicklungs- und Evolutionsforschung eine Subjektivität für *alle* Lebewesen ableiten zu können (Weber 2007). Unabhängig von der Stimmigkeit dieser neoromantischen Position ergibt sich doch aus der prinzipiellen Relevanz des inneren Erlebens bei biologischen Systemen für die Spezifizierung der Frage nach den *moral patients* in der Biologie folgende Situation: Wenn Biologie als Forschungshandeln gegenüber Lebewesen verstanden wird, dann muss die Frage gestellt werden, welcher ethische Status der zu erforschenden Lebewesen sich aus dem möglichen Vorhandensein inneren Erlebens ergibt.

Die diesbezüglich diskutierten Positionen – vom Anthropozentrismus über den Pathozentrismus, den Biozentrismus bis hin zum Physiozentrismus (Frankena in Krebs 1997, 271 ff.; Pfordten 2000, 44) – haben zu diesem Punkt je unterschiedliche Antworten formuliert. Dabei haben sie sich jeweils an unterschiedlichen als relevant erachteten Merkmalen orientiert. Die jeweils in diesen Positionen zugrunde gelegten moralischen Akteure und moralischen Objekte entsprechen in etwa der klassischen Hierarchiekonzeption in Aristoteles' *De anima*. Sie laufen insgesamt auf ein gestuftes Modell der Natur und ihrer Bildungen hinaus. Die moralisch relevanten Einheiten fallen beim Standpunkt des Anthropozentrismus mit der Klasse aller Menschen respektive aller Personen zusammen. Sie umfassen im Fall des Pathozentrismus alle empfindenden und leidensfähigen Lebewesen. Im Fall des Biozentrismus werden alle Lebewesen überhaupt, inklusive der Pflanzen, als moralische Objekte angesehen. Im Fall des Physiozentrismus schließlich gilt die gesamte Natur, d.h. deren belebte und unbelebte Anteile, als moralisch relevant. Der Punkt ist nun, dass sich allein von der biowissenschaftlichen Warte keine dieser Bestimmungen schlüssig ergibt. Alle genannten Positionen und damit sämtliche Überlegungen zum ethischen Status der uns umgebenden Lebewesen sind notwendig auf philosophische Zusatzannahmen angewiesen. Sie ergeben sich erst aus den eingangs genannten Rahmenannahmen über uns selbst und über andere Lebewesen.

Dies ist allerdings kein Manko, das man zugunsten größerer Objektivität durch eine stärkere Ausrichtung auf empirische Daten aufheben könnte. Von der kontextualistischen Warte aus betrachtet wird vielmehr deutlich, dass es sich um eine unumgehbare Notwendigkeit handelt. Für die kontextualistische Bioethik ist es deshalb von ausschlaggebender Bedeutung, dieses Faktum einer notwendigen Beeinflussung durch philosophische Vorannahmen zunächst zur Kenntnis zu nehmen. Im Sinne des von Rainer Hegselmann (in Lenk 1991, 215 ff.) aufgestellten moralischen Bildungsideals handelt es sich dabei um einen Akt der moralischen Selbsttransparenz. Gerade unter ethischen Zielvorgaben ist zu berücksichtigen, dass man sich selbst und Anderen über seine Vorannahmen und fundamentalen Normen Zeugnis ablegen können muss (Naess in Krebs 1997, 187). Eine Vorannahme nun, die alle genannten Positionen teilen, ist es, dass dort, wo relevante bioethische Dispute auftreten – etwa in Fragen der Humanmedizin oder des Umgangs mit Tieren –, stets eine bestimmte *Qualität inneren Erlebens* vorliegt. Tierisches Leid und tierische Autonomie stehen so im Zentrum der Tierethik. Tom Regan (1983) erweitert aus diesem Grund die Vorstellung von der Gleichheit menschlicher Individuen auf Tiere, indem er diese als »Subjekte eines Lebens« versteht, die in der Lage sind, so zu handeln, dass ihre Wünsche befriedigt werden. Als Subjekte eines Lebens sind Tiere nicht bloß Mittel, sondern auch Zwecke an sich. Peter Singer (1996) hingegen stützt seine Tierethik auf die Leidensfähigkeit oder den Zukunftsbezug. Auch diese Dimension tierischen Lebens entzieht sich dem methodischen Zugriff der Biologie und stellt eine »philosophische« Erweiterung dar.

Jedoch nicht nur die Dimension des inneren *Erlebens* ist für bioethische Grundeinstellungen relevant, sondern bereits die Dimension des *Lebens* schlechthin (Rath 2000). Bioethisch bedeutsam ist vor allem ein Verständnis von »Leben« als Gegenbegriff zum Tod. Dies betrifft erstens die allgemeine Frage, welchen natürlichen Systemen überhaupt »Leben« zukommt und welchen nicht. So könnte man etwa fragen, welchen ethisch bedeutsamen Unterschied es macht, ob eine Handlung gegenüber einem Lebewesen, einem Kristall oder einer Maschine vollzogen wird. Daneben geht es zweitens auch darum, welche Kriterien anzulegen sind, wenn der Tod eines bestimmten lebenden Individuums konstatiert werden soll. Dies hat gerade im biomedizinischen Kontext eine umfängliche Debatte ausgelöst (Gehirntod 1995). Auch in diesem Fall wird deutlich, wie sehr die Erörterung neben fachwissenschaftlichen Kriterien aus der Biologie oder Medizin von einer Fülle von philosophischen oder religiösen Rahmenannahmen abhängt. Ethische Relevanz besitzt die Unterscheidung von Leben und Tod nämlich erst dann, wenn man eine Dimension zugrunde legt, in der Leben als ein Phänomen des Wandels und als Ausdruck für die Endlichkeit individueller Existenz ins Spiel kommt (Rath 2000, 529). In diesem Zusammenhang ist beispielsweise die abendländisch-christliche Vorstellung von einem über den biologischen Tod hinaus fortdauernden Leben zu berücksichtigen.

Wieder gibt es jedoch eine enge Beziehung zwischen dieser Ebene grundsätzlicher philosophischer Vorgaben und bestimmten Forschungskontexten. Das wird ersichtlich, wenn wir in Rechnung stellen, dass die naturwissenschaftliche Erfassung des Lebensgeschehens, die heute die Biologie bestimmt, einen aktiven Eingriff darstellt. Ein solcher Eingriff hat notwendigerweise eine Wirkung auf lebende Systeme, die sich möglicherweise auch auf deren Eigenschaft erstreckt, »lebendig« zu sein. Infolge der besonderen selbstorganisierenden Eigenschaften der biologischen »Forschungsobjekte« reagieren sie auf Störungen und Manipulationen in Grenzen entsprechend den eigenen Binnenbedingungen zwar mit der Reetablierung ihres vorherigen Organisationszustands. Überschreiten die vorgenommenen Eingriffe jedoch ein bestimmtes Maß, dann handelt es sich um »destruktive Veränderungen«, die im Extrem zum Tod des untersuchten Lebewesens führen. Der im fünften Kapitel dargestellte Einwand von Bohr und Elsasser, experimentelle Untersuchungen hätten bei der Zielsetzung der Erhaltung der Lebensfähigkeit des untersuchten lebenden Systems eine notwendige Grenze, ist somit nicht nur theoretisch oder instrumental-praktisch bedeutsam, sondern auch ethisch. Dies ist der Sinn der Überlegung von Hans Jonas, biologische Experimente seien stets wirkliche Taten am Original. Reaktionen auf solche Einsichten – etwa die, in der Ausbildung von Biologen auf reale Tierexperimente zu verzichten und sich auf virtuelle Eingriffe am Computermodell zu beschränken – stellen ein ethisch motiviertes Handeln dar. Allerdings sind in dieser Hinsicht nicht nur Verfahren des Eingriffs (Experimente) relevant, sondern auch darstellende Verfahren, wenn deren präparativer Vollzug eine Zerstörung des funktionellen Ganzen eines Lebenssystems zur Folge hat.

Forscher als moralische Akteure (*moral agents*)

Für die Seite der moralischen Akteure in der biologischen Forschung ist es bedeutsam, dass man es bei einer Forschungsaktivität nicht einfach mit einem Verhalten des *Lebewesens* Mensch zu tun hat, sondern mit einer Handlung des *Kulturwesens* Mensch. Als vernünftige Handlung stellt die Forschung eben kein Naturgeschehen dar und fällt nur deshalb unter moralische Gesichtspunkte. Gerade das naturwissenschaftliche Experiment ist ein überzeugender Beleg für die Möglichkeit *freier* Handlungen des Menschen (Heidelberger in Engels, Hildt 2005, 201 ff.). Wie wir im fünften Kapitel sehen konnten, sind Experimente erstens geprägt durch das Ausprobieren verschiedener Alternativen. Sie basieren somit auf der Fähigkeit des Experimentators, eine *freie Wahl* zwischen Handlungsalternativen vorzunehmen. Experimente sind zweitens Verfahren zur Kontrolle über einen Gegenstandsbereich mittels methodisch-kontrollierter Handlung. Der Experimentator muss deshalb das Ergebnis des Experiments als Effekt seines eigenen Eingreifens auffassen und sich als *Urheber* der Handlung verstehen können. Experimente sind drittens Formen geplanten Handelns und zielen auf eine theoretische Auswertung und »Reinigung« empirischer Daten. Dem Experimentator muss deshalb die Fähigkeit zu *reflexiv-kognitiver* Vorbereitung und Auswertung seiner Handlungen zukommen. Solche Handlungen können nach ihren Gründen befragt und unter ethischen Kriterien als gebotene oder verbotene Handlungen *bewertet* werden. Hans Jonas (1973, 273) betont deshalb, dass der Mensch den Menschen im Kontext der Naturforschung als bloßen Gegenstand wahrnimmt, der »einschließlich seiner Wertungsgewohnheiten« von Kausalgesetzen bestimmt ist. Der Forscher selbst allerdings, solange er seine Freiheit des Forschens und seine Offenheit für Gründe, Evidenz und Wahrheit reklamiere, verstehe sich nicht als Teil der Natur.

Neben dem ethischen Status des »Forschungsobjekts« hat man deshalb stets die ethische Relevanz der jeweils für die Untersuchung eingesetzten Verfahren, Handlungen und Forschungsmotive zu berücksichtigen. Zwischen diesen Aspekten, dem Handlungsgegenstand, den Handlungsmitteln und den Handlungszielen, besteht eine innige Wechselbeziehung. So legt die Art des wissenschaftlichen Zugangs einerseits bestimmte Vorgaben für die jeweilige Statusbestimmung des Untersuchungsobjekts nahe; umgekehrt verbietet die Qualität des ethischen Status eines Lebewesens bestimmte Handlungsweisen. Allerdings können naturwissenschaftliche Erkenntnisse allein – nicht nur wegen der Sein-Sollen-Dichotomie – keine ethisch vollgültige Bestimmung von Lebewesen leisten, da sich zentrale Aspekte des ethisch relevanten Phänomenbereichs dem naturwissenschaftlichen Zugang entziehen. Wieder ist deshalb für die Bewertung des Handlungskontextes der gesamte Rahmen eines Forschungsprogramms in Rechnung zu stellen. So wäre etwa für den Vergleich der Forschungsprogramme der romantischen Biologie mit den historischen Nachfolgeprogrammen unter ethischen Gesichtspunkten auch von Bedeutung, dass die Zurückweisung des Experiments durch die Romantik unter methodologischen Gesichtspunkten (angesichts moderner Erfolge) zwar problematisch ist, ethisch jedoch als Maxime der Erfurcht vor anderen Lebewesen anzuerkennen ist. Vergleichbare ethische Richtlinien existieren unter dem neuen Paradigma der Experimentalwissenschaft nicht (Köchy 1998).

Neben der Differenzierung von Forschungsprogrammen und einzelnen Handlungen in ihnen ist zudem zu berücksichtigen, dass Forschungshandlungen eine grundsätzliche Ambivalenz aufweisen. Trotz aller Planhaftigkeit und Kontrolle sind etwa Experimente durch Momente der Unwägbarkeit und Ergebnisoffenheit bestimmt. Diese Offenheit ist der Ermöglichungsgrund forscherischer Freiheit. Prinzipiell sind damit mehrere Dimensionen der Freiheit wissenschaftlichen Handelns zu unterscheiden. So ist die Freiheit der Wahl des Forschungsgegenstands von der Freiheit der Methodenwahl, der Freiheit der Mitteilung des Erforschten oder der Freiheit der Anwendung zu differenzieren. Dabei dürfte offensichtlich sein, dass diese verschiedenen Aspekte der Freiheit wissenschaftlichen Handelns gerade wegen ihrer Ambivalenz in der Biologie in je unterschiedlichem Ausmaß ethisch relevant sind (Markl in Lenk 1991, 40 ff.). Die Freiheit der Methoden- und Objektwahl etwa darf insbesondere beim forschenden Umgang mit Menschen und mit anderen Lebewesen nicht allein nach innerwissenschaftlichen (methodologischen) Kriterien bewertet werden. Hier sind die Freiheit der Forschung und die Verantwortung der Forscher für ihr Tun und Unterlassen untrennbar miteinander verbunden.

Freiheit des Handelns bedeutet zudem stets die Freiheit, zum Guten oder zum Bösen zu handeln. Insbesondere ist es diese grundsätzliche *Dialektik der Freiheit* (Jonas 1973, 15), die eine ethische Relevanz der biowissenschaftlichen Handlungen bedingt. Darüber hinaus ist im Fall der biologischen Forschung die Dialektik der Freiheit nach dem oben Ausgeführten stets in zweierlei Hinsichten zu betrachten: auf der Seite des Forschungsgegenstands *und* auf der Seite des Forschers. Jonas' Überlegung, das Privileg der Freiheit belaste die Existenz mit der »Bürde der Notdurft«, bedeutet dann erstens, dass organistisches Sein ein »Dasein in Gefahr ist«. Die Tatsache, dass Lebewesen im Gegensatz zu anorganischen oder technischen Systemen »sterben« können, ist so als Resultat der gestuften »Freiheit« in ihnen aufzufassen und wird insofern ethisch relevant. Auf der Seite des Forschers resultiert umgekehrt aus dem gerade in naturwissenschaftlichen Vollzügen deutlich werdenden gesteigerten Maß an theoretischer Durchdringung und praktischer Aneignung der Welt eine gesteigerte Verantwortung. So stehen die potenzierten Formen des weltoffenen und freien Umgangs mit der Natur in den Naturwissenschaften umso deutlicher unter der Frage nach den normativen Bedingungen des Handelns. Wie es Hans Jonas formuliert hat (ebd., 13): »Mit diesem Ansinnen einer Wahl geht die Biologie in Ethik über.«

Ebenso wie der rein naturwissenschaftliche Ansatz die ethisch bedeutsamen Qualitäten von Lebewesen nicht erfassen kann, hat auch das rein biologistische oder evolutionsbiologische Verständnis vom Menschen, nach dem menschliches Handeln *bloßes* Resultat der Evolution ist, auf die moralische Dimension per definitionem keinen Zugriff. Es verkennt die Tatsache, dass Verantwortung eine moralische Kategorie ist und sich den Mitteln und Zugangsweisen der Naturwissenschaft entzieht. Wenn deshalb behauptet wird, menschliche Handlungen seien nicht nur biologisch verankert – was sie zweifellos sind –, sondern sie gingen *vollständig* in der Natur auf und seien *ohne Rest* biologisch erklärbar, dann bleibt kein Platz mehr für eine eigenständige Ethik. In diesem Fall würde die Ethik jedoch nicht aus logischen oder methodologischen Erwägungen ausgeklammert, sondern sie würde sich von den ontologischen Bedingungen her verbieten. Sowohl die Genese der Normen als auch die Entwicklung ihrer Geltung würde dann im biologischen Erklärungsansatz vollkommen aufgehen.

Reinhard Löw (1985, 33 ff.) hat in seiner Kritik am Biologismus auf die inneren Widersprüche und Fehlschlüsse einer solchen Argumentation hingewiesen. Nicht nur, dass die Vertreter dieser Position immer wieder naturalistische Fehlschlüsse begehen, indem sie von biologischen Fakten zu Sollensforderungen übergehen, auch der Theoriestatus ihrer eigenen Aussagen und Schlussfolgerungen würde sich – wenn die von ihnen vertretene Theorie des Biologismus in vollem Umfang zuträfe – selbst aufheben. Denn wenn die biologistische Perspektive Recht hätte, dann wären *alle* Theorien und Normen Produkte der Evolution. Von »Wahrheit« im Sinne einer eigenständigen Sphäre der Geltung könnte in diesem Fall nicht mehr berechtigt gesprochen werden. Auch ein »Wahrheitsanspruch« wäre ein faktisches Produkt der Evolution. Diese Konsequenz müsste dann jedoch auch auf die unterstellten Geltungsansprüche der biologistischen Theorien selbst angewendet werden.

Die philosophische Perspektive auf den Menschen unterscheidet sich in wesentlichen Hinsichten von einer evolutionären Perspektive (Wulf 2004, 11). Wie die klassischen philosophischen Anthropologien von Max Scheler (1874-1928) oder Helmuth Plessner (1892-1985) deutlich machen, ist es vor allem die spezifische kognitive Herauslösung aus möglichen Umweltkontexten – die »Weltoffenheit« (Scheler) oder »Exzentrizität« (Plessner) –, die den Menschen vom Tier unterscheidet. Der Mensch – so auch die obige Überlegung von Rehmann-Sutter – kann sich trotz grundsätzlicher ökologischer Kontextbedingungen seines Lernens und Erkennens (Gibson, Pick 2000) in kognitiv-reflexive Distanz zum Erkenntnisgegenstand begeben. Er steht damit nicht nur der Welt und den Lebewesen gegenüber, sondern auch sich selbst. Damit erweitert sich jedoch die Betrachtung des Menschen von der rein biologischen zu einer genuin kulturellen Perspektive. Die verschiedenen Formen des symbolischen Weltzugangs sind es, die den Menschen zum Menschen machen. Der Mensch lebt nicht mehr bloß in einem physikalischen Universum, sondern zugleich in einem *symbolischen Universum* (Cassirer 1992, 25). Anders jedoch als frühere intellektualistische Positionen müssen wir heute anerkennen, dass dieser Übergang von der physikalischen (oder auch evolutionären) Perspektive der naturwissenschaftlichen Erfassung des Menschen zur kulturellen Perspektive genau *der* Übergang zwischen Körper und Leib ist (vgl. Kap. 5). Der menschliche Körper, der einerseits als *lebender* Organismus Teil der evolutionären Geschichte ist und der andererseits als *erlebender* Leib durch Gesellschaft und Kultur geprägt ist, wird so für die anthropologische Bestimmung wesentlich (Wulf 2004, 14 ff. und 108 ff.). Die Brücke zwischen physiologischer und pragmatischer Anthropologie (Kant), dem Bereich des Menschen als Lebewesen einerseits und Kulturwesen andererseits, verläuft damit über den Menschen als leibliches Wesen. Der Mensch ist ein Wesen, das vermittels seines Leibes stets in einer chiasmatischen Verflechtung in die Welt eingebunden ist (vgl. Kap. 3) und das sich dennoch in theoretische Ferne zu ihr begeben kann und ihr gegenübersteht.

Auch in dieser Hinsicht erklärt sich die exponierte Bedeutung der anthropologischen Frage für die Bioethik (Engels in Engels 1999, 7 ff.). Diese umfasst mehrere Dimensionen: Erstens sind anthropologische Reflexionen unverzichtbarer Bestandteil der Bioethik, weil sie zu den fundierenden Vorstellungen des kontextuellen Rahmens gehören, der alle bioethischen Fragen und Antworten umfasst. Zweitens stellt sich die Frage nach der Sonderstellung des Menschen in allen bioethischen Positionen und wird vor allem im Anthropozentrismus explizit. Drittens ist diese Frage für die Begründung der Bedingungen der Möglichkeit von Ethik von entscheidender Bedeutung. Und schließlich wird viertens gerade angesichts der neuen Möglichkeiten moderner Bio- und Medizintechniken diese Frage nach dem Menschen in vielfältiger Weise herausgefordert. Die aktuellen Veränderungen, Verformungen, Überschreitungen und Hybridisierungen der Sphäre des Humanen (in biologischer *und* in kultureller Hinsicht) sind einerseits ohne historischen Vergleich, andererseits sind diese Techniken der Veränderung doch gerade Ausprägungen der spezifischen Möglichkeiten des Kulturwesens Mensch. Dieses *Kulturwesen* ist dann allerdings auch gefordert, wenn es um die Festlegung neuer Grenzen geht.

Dass diese spezielle kulturelle Dimension des Humanen gerade von der kontextualistischen Perspektive aus deutlich wird, mag ein letztes Fallbeispiel verdeutlichen (Köchy 2005c; Köchy 2006d): Die gegenwärtigen Antworten auf die bioethische Frage nach dem Beginn menschlichen Lebens angesichts reproduktionsmedizinischer Eingriffsoptionen stehen insgesamt vor der Schwierigkeit, in einem biologischen Entwicklungskontinuum bestimmte Abschnitte des Prozesses auszuweisen und für die ethisch-ontologische Statusbeschreibung zu nutzen. Die Zugewinne an Komplexität und Qualität der biologischen Organisation des Lebewesens Mensch im Zuge seiner Individualentwicklung bilden einen möglichen Anknüpfungspunkt. Auswahl und Bewertung dieser Merkmale stellen jedoch nicht nur den Übergang von der Sachstandsbeschreibung zur Bewertung dar, sondern sind zudem in hohem Maß durch den disziplinenspezifischen Denkstil und den forschungsspezifischen Erwartungshorizont mitbestimmt. Die derzeit angebotenen Festlegungen der Fachwissenschaften (Köchy 2002) erstrecken sich von der Ebene der Gene bis zur Ebene der Sprache. Während die Intaktheit des Genoms und der Übergang vom haploiden zum diploiden Chromosomensatz für den Molekularbiologen eine überzeugende Grenzscheide darstellt und für die Entwicklungsbiologin etwa die Einnistung der Blastozyste in den Uterus bedeutsam ist, geht der Evolutionsbiologe entweder von dem Entwicklungsgrad des Nervensystems oder der Ausbildung der Sprache als Kriterium für die anthropologische Differenz aus.

Entscheidend ist nun, dass erstens alle Festlegungen auf bestimmte Entwicklungsstadien nicht nur von biologischen Erfahrungen bestimmt sind, sondern wieder durch ein komplexes System an philosophischen Voraussetzungen. Zweitens wird schon aus evolutionsbiologischer Perspektive die kulturelle Basisbefähigung des sprachbegabten, gemeinschaftsfähigen und symbolbildenden Menschen in seiner »natürlichen Künstlichkeit« (Plessner 2003, 383 ff.) zugestanden. Die evolutionären Veränderungen der sprachrelevanten Strukturen (Hirn, Kehlkopf), die evolutionäre Vorgabe durch aufrechten Gang und opponierbaren Daumen (Greifhand mit Präzisionsgriff), die evolutionäre Entwicklung typisch menschlicher Sozialstrukturen usw. bilden die allgemeine biologische Voraussetzung für das Entstehen einer genuin neuen Qualität der menschlichen Kultur- und Kommunikationsgemeinschaft. Selbst aus evolutionärer Perspektive ist die Menschwerdung ein historischer Prozess bei dem »natürliche« und »kulturelle« Elemente sich »in unauflösbarer, einander bedingender Weise durchdringen« (Wulf 2004, 39). Drittens ist deshalb gerade unter kontextualistischen Vorzeichen auf allen genannten Ebenen eine innige Wechselbeziehung zwischen »innen« und »außen« unverkennbar (Genom – Zelle, Zelle – Organismus, Organismus – Umwelt, Individuum – Gemeinschaft). Wie die Expression des Genoms im Medium des epigenetischen Faktorensystems erfolgt, so vollzieht sich die Genese der Blastozyste im Medium der Faktoren des mütterlichen Uterus, die Entwicklung des Nervensystems im Medium der Reizeingänge aus der Umwelt und die Entwicklung der menschlichen Sprache im Medium der Kommunikation einer Gemeinschaft. Erst dieser spezielle Kontext der kommunikativen Gemeinschaft menschlicher Wesen ist der angemessene Bereich für die Sphäre der Gründe. Das im Dialog mit anderen stehende menschliche Wesen ist jedoch nicht nur ein Wesen, das Antworten gibt (*response*), sondern es ist auch das verantwortliche Wesen (*responsible*) (Cassirer 1992, 6).

Die Wissenschaft Biologie ist somit nicht nur eine theoretische Domäne, in der Gründe für Aussagen gefordert sind, sie ist vor allem eine praktische Domäne, in der Handlungen gegenüber Lebewesen vollzogen werden, die hinsichtlich ihrer Verantwortbarkeit befragt werden müssen. *Dass* diese Handlungen ethisch bedeutsam sind, ist offensichtlich. *Wie* bedeutsam sie sind, hängt nicht nur von der Art der Handlungen und dem Handlungskontext ab, sondern auch davon, welche neuen Grenzen wir Menschen im kritischen Prozess der Hinterfragung unserer bisheriger Grenzziehungen setzen wollen und ob wir bereit sind, den Kreis der Mitglieder der Gemeinschaft, gegenüber der wir verantwortlich sind, zu öffnen.

Anhang

Literatur

Allen, Colin/Bekoff, Marc: Species of Mind. The Philosophy and Biology of Cognition, Cambridge 1997.

Arber, Agnes: Sehen und Denken in der biologischen Forschung, Reinbek bei Hamburg 1960.

Aharonowitz, Yair/Cohen, Gerald: Medikamente, in: Industrielle Mikrobiologie, Heidelberg 1984, 84-97.

Albert, Hans/Topitsch, Ernst (Hg.): Werturteilsstreit, Darmstadt 1971.

Aristoteles: Philosophische Schriften, übers. E. Rolfes, Hamburg 1995 [zitiert: Met. = Metaphysik; An. Post. = Zweite Analytiken]

– : Über die Teile der Lebewesen, übers. und erläutert W. Kullmann, Darmstadt 2007 [zitiert Part. an.]

Baker, John R.: Abraham Trembley of Geneva, London 1952.

Ballauff, Theodor: Die Wissenschaft vom Leben, Freiburg/München 1954.

Bammé, Arno: Wird die Biologie zur Leitwissenschaft des ausgehenden 20. Jahrhunderts? in: Naturwissenschaften 76, 1989, 441-446.

Baumgärtner, Stefan/Becker, Christian (Hg.): Wissenschaftsphilosophie interdisziplinärer Umweltforschung, Marburg 2005.

Beauchamp, Tom L./Childress, James F.: Principles of Biomedical Ethics, New York/Oxford [5]2001.

Begon, Michael et al. (Hg.): Ökologie, Basel/Boston/Berlin 1991.

Beier, Henning M.: Definition und Grenze der Totipotenz, in: Reproduktionsmedizin 14, 1998, 41-53.

– : Definition und Grenze der Totipotenz. Aspekte für die Präimplantationsdiagnostik, in: Ethik in der Medizin 11/Suppl. 1, 1999, S23-S37.

– : Zur Problematik von Totipotenz und Pluripotenz, in: Bundesministerium für Bildung und Forschung, Humane Stammzellen, Stuttgart/New York 2001, 55-71.

Bellinger, Andrea/Krieger, David J. (Hg.): ANThology. Ein einführendes Handbuch zur Akteur-Netzwerk-Theorie, Bielefeld 2006.

Bertalanffy, Ludwig: Das Gefüge des Lebens, Leipzig/Berlin 1937.
Blumenbach, Johann Fr.: Über den Bildungstrieb, Göttingen 1791.
Böckenförde, Ernst-Wolfgang: Eintrag ›Organ‹, in: Brunner, Otto et al. (Hg.), Geschichtliche Grundbegriffe Bd. 2, Stuttgart 1978, 561-622.
Breckling, Broder: Singularität und Reproduzierbarkeit in der Modellierung ökologischer Systeme, Diss. Universität Bremen 1990.
Bredekamp, Horst: Darwins Korallen, Berlin 2005.
Breidbach, Olaf: Kurze Anleitung zum Bildgebrauch, in: Ernst Haeckel, Kunstformen der Natur, München/New York 1998, 9-19.
– : Wissenschaftsperformance oder Bilderwissen, in: Gegenworte. Schwerpunkt: Wissenschaft und Kunst 9, 2002, 18-21.
– : Bilder des Wissens. Zur Kulturgeschichte der wissenschaftlichen Wahrnehmung, München 2005.
– : Hirninnenweltenbilder, in: Könches, Barbara/Weibel, Peter (Hg.), unSICHTBARes. kunst_wissenschaft, Bern 2005b, 36-63.
Brookes, Martin: Drosophila. Die Erfolgsgeschichte der Fruchtfliege, Reinbek bei Hamburg 2002.
Burian, Richard M.: The Epistemology of Development, Evolution, and Genetics, Cambridge 2005.
Canguilhem, Georges: Organisme et modèles mécaniques, in: Revue philosophique 7-9, 1955, 281-299.
– : Wissenschaftsgeschichte und Epistemologie, Frankfurt a. M. 1979.
Carnap, Rudolf.: Der logische Aufbau der Welt, 1928, Hamburg 1961.
– : Überwindung der Metaphysik durch logische Analyse der Sprache, 1931, in: Spierling, Volker (Hg.), Die Philosophie des 20. Jahrhunderts, München 1986, 367-376.
– : Die Aufgabe der Wissenschaftslogik, 1934, in: Schulte, Joachim/McGuiness, Brian (Hg.), Einheitswissenschaft, Frankfurt a. M. 1992, 90-117.
Cassirer, Ernst: Philosophie und exakte Wissenschaft, Frankfurt a. M. 1969.
– : An Essay on Man, 1944, New Haven/London 1992.
– : Kant und die moderne Biologie, 1940/41, in: ders., Geist und Leben, Leipzig 1993, 61-94.
Chargaff, Erwin: Unbegreifliches Geheimnis, Stuttgart [2]1981.
Cheney, Dorothy L./Seyfarth, Robert M.: Wie Affen die Welt sehen, München/Wien 1994.
Damschen, Gregor/Schönecker, Dieter (Hg.): Der moralische Status menschlicher Embryonen, Berlin/New York 2003.

Darwin, Charles: Der Ausdruck der Gemütsbewegungen bei dem Menschen und den Tieren, 1872, Nördlingen 1986.
Daston, Lorraine/Galison, Peter L.: Das Bild der Objektivität, in: Geimer, Peter (Hg.), Ordnungen der Sichtbarkeit, Frankfurt a. M. 2002, 29-99.
Daston, Lorraine: Angst und Abscheu vor der Einbildungskraft in der Wissenschaft, in: dies., Wunder, Beweise, Tatsachen, Frankfurt a. M. 2003, 99-125.
Davidson, Eric H.: The Regulatory Genome, Amsterdam et al. 2006.
Davidson, Eric H./Erwin, Douglas: Gene regulatory networks and the evolution of animal body plans, in: Science 311, 2006, 796-800.
Dawson, Virginia P.: Nature's Enigma. The Problem of the Polyp in the Letters of Bonnet, Trembley and Reaumur, Philadelphia 1987.
Delius, Juan D.: Komplexe Wahrnehmungsleistungen bei Tauben, in: Gehirn und Kognition, Heidelberg 1990, 106-119.
Dewey, John: Erfahrung und Natur, 1929, Frankfurt a. M. 1995.
Dierig, Sven: Wissenschaft in der Maschinenstadt. Emil Du Bois-Reymond und seine Laboratorien in Berlin, Göttingen 2006.
Dohrn-van Rossum, Gerhard: Eintrag ›Organ‹, in: Brunner, Otto et al. (Hg.), Geschichtliche Grundbegriffe Bd. 2, Stuttgart 1978, 519- 560.
Dress, Andreas et al. (Hg.): Selbstorganisation, München/Zürich 1986.
Drexler, Eric: Engines of Creation, New York 1987.
Driesch, Hans: Der Vitalismus als Geschichte und als Lehre, Leipzig 1905.
– : Metaphysik der Natur, München/Berlin 1927.
– : Philosophie des Organischen, Leipzig [4]1928.
– : Lebenserinnerungen, München/Basel 1951.
Du Bois-Reymond, Emil: Reden von Emil Du Bois-Reymond, 2 Bde., Leipzig 1912.
– : Über die Grenzen der Naturerkenntnis, 1872, Darmstadt 1961.
Duhem, Pierre: Ziel und Struktur der physikalischen Theorien, 1908, Hamburg 1978.
Düwell, Marcus/Steigleder, Klaus (Hg.): Bioethik, Frankfurt a. M. 2003.
Elsasser, Walter M.: Atom and Organism. A new approach to Theoretical Biology, Princeton 1966.
Engels, Eve-Marie (Hg.): Die Rezeption von Evolutionstheorien im 19. Jahrhundert, Frankfurt a. M. 1995.
– (Hg.): Biologie und Ethik, Stuttgart 1999.
– : Charles Darwin, München 2007.

Engels, Eve-Marie/Hildt, Elisabeth (Hg.): Neurowissenschaften und Menschenbild, Paderborn 2005.
Feyerabend, Paul: Wider den Methodenzwang. Skizze einer anarchistischen Erkenntnistheorie, Frankfurt a. M. 1976.
– : Der wissenschaftstheoretische Realismus und die Autorität der Wissenschaften, Braunschweig 1978.
– : Wissenschaft als Kunst, Frankfurt a. M. 1984.
Fischer, Ernst Peter: Das Atom der Biologen. Max Delbrück und der Ursprung der Molekulargenetik, München/Zürich 1988.
Fischer, Hans R. (Hg.): Autopoiesis, Heidelberg 1993.
Fleck, Ludwik: Entstehung und Entwicklung einer wissenschaftlichen Tatsache, 1935, Frankfurt a. M. 1980.
– : Erfahrung und Tatsache, Frankfurt a. M. 1983.
Fox Keller, Evelyn: Barbara McClintock. Die Entdeckerin der springenden Gene, Basel 1995.
– : Making Sense of Life, Cambridge 2002.
– : Ecosystems, Organisms, and Machines, in: BioScience 55, 2005, 1069-1074.
Fraenkel, Gottfried S./Gunn, Donald L.: The Orientation of Animals, 1940, New York 1961.
Gaidenko, Piama: Natur- und Technikbegriff in der beginnenden Neuzeit, in: Gloy, Karen (Hg.), Natur- und Technikbegriffe, Bonn 1996, 60-76.
Galison, Peter L.: How Experiments End, Chicago 1987.
Galison, Peter L./Stump, David J. (Eds.): The Disunity of Science, Stanford 1996.
Gehirntod und Organtransplantation als Anfrage an unser Menschenbild, Beiheft zur Berliner Theologischen Zeitschrift (BThZ) 12, 1995.
Gerhardt, Volker: Selbstbestimmung. Das Prinzip der Individualität, Stuttgart 1999.
Gibson, Eleanor J./Pick, Anne D.: An Ecological Approach to Perceptual Learning and Development, Oxford 2000.
Gierer, Alfred: Die Physik, das Leben und die Seele. Anspruch und Grenzen der Naturwissenschaft, München/Zürich [4]1988.
Gotthelf, Allan/Lennox, James G. (Eds.): Philosophical Issues in Aristotle's Biology, Cambridge 1987.
Gould, Stephen J.: Illusion Fortschritt. Die vielfältigen Wege der Evolution, Frankfurt a. M. 1998.

Graßhoff, Gerd et al.: Zur Theorie des Experiments. Untersuchungen am Beispiel der Entdeckung des Harnstoffzyklus, Bern 2000.

Grene, Marjorie/Depew, David: The Philosophy of Biology, Cambridge 2004.

Griffin, Donald R.: The Question of Animal Awareness. Evolutionary Continuity of Mental Experience, New York 1976.

Gugerli, David/Orland, Barbara (Hg.): Ganz normale Bilder, Zürich 2002.

Habermas, Jürgen: Die Zukunft der menschlichen Natur, Frankfurt a. M. 2001.

Hacking, Ian: Einführung in die Philosophie der Naturwissenschaften, Stuttgart 1996.

Haeckel, Ernst: Die Natur als Künstlerin, Berlin 1913.

– : Das System der Medusen, 1879, Weinheim 1986.

– : Kunstformen der Natur, 1904, München/New York 1998.

– : Kunstformen aus dem Meer. Der Radiolarien-Atlas von 1862, München et al. 2005.

Hagner, Michael (Hg.): Ansichten der Wissenschaftsgeschichte, Frankfurt a. M. 2001.

Hagner, Michael: Der Geist bei der Arbeit. Historische Untersuchungen zur Hirnforschung, Göttingen 2006.

Haker, Hille et al. (Eds.): Ethics of Human Genome Analysis, Tübingen 1993.

Haraway, Donna J.: Crystals, Fabrics, and Fields. Metaphors of Organicism in 20th Century Developmental Biology, New Haven 1976.

– : Modest-Witness Second_Millenium. Female-Man © Meets Onco MouseTM: Feminism and Technoscience, New York/London 1997.

Hassenstein, Bernhard: Eintrag ›Injunktion‹, in: Ritter, Joachim/Gründer, Karlfried (Hg.), Historisches Wörterbuch der Philosophie, Bd.4, Darmstadt 1976, 367-368.

Hempel, Carl G.: Aspekte wissenschaftlicher Erklärung, Berlin/New York 1977.

Hinde, Robert A.: Das Verhalten der Tiere, 2 Bde., Frankfurt a. M. 1973.

Höcker, Arne et al. (Hg.): Wissen. Erzählen. Narrative der Humanwissenschaften, Bielefeld 2006.

Hoffmann, Johannes/Viedt, Heike: Biologische Bodenreinigung, Berlin/Heidelberg 1998.

Höffe, Otfried: Sittlich-politische Diskurse, Frankfurt a. M. 1981.

– : Aristoteles, München ²1999.
Hoyningen-Huene, Paul/Wuketits, Franz M. (Eds.): Reductionism and Systems Theory in the Life Sciences, Dordrecht/Boston/London 1989.
Hull, David L./Ruse, Michael: The Philosophy of Biology, Oxford 1998.
Hüsing, Bärbel et al. (Hg.): Impact Assessment of Neuroimaging, Zürich 2006.
Husserl, Edmund: Arbeit an den Phänomenen, Frankfurt a. M. 1993.
Ingensiep, Hans Werner: Organismus und Leben bei Kant, in: ders. et al. (Hg.), Kant Reader, Würzburg 2004, 107-136.
Jack, Anthony/Shallice, Tim: Introspective physicalism as an approach to the science of consciousness, in: Cognition 79, 2001, 161-196.
Jacob, François: Die Maus, die Fliege und der Mensch, München 2000.
– : Die Logik des Lebenden, Frankfurt a. M. 2002.
Jaenisch, Rudolf: Die Biologie des Kerntransfers und das Potential geklonter embryonaler Stammzellen, in: Honnefelder, Ludger/Lanzerath, Dirk (Hg.), Klonen in biomedizinischer Forschung und Reproduktion, Bonn 2004, 221-249.
Jahn, Ilse (Hg.): Geschichte der Biologie, Heidelberg/Berlin ³2000.
Janko, Jan/Matálová, Anna: Johann Gregor Mendel, in: Jahn, Ilse/ Schmitt, Michael (Hg.), Darwin & Co, Bd. 1, München 2001, 390-410.
Janich, Peter/Weingarten, Michael: Wissenschaftstheorie der Biologie, München 1999.
Janich, Peter: Der Status genetischen Wissens, in: Honnefelder, Ludger/Propping, Peter (Hg.), Was wissen wir, wenn wir das menschliche Genom kennen? Köln 2001, 70-89.
Jonas, Hans: Organismus und Freiheit. Ansätze zu einer philosophischen Biologie, Göttingen 1973.
– : Das Prinzip Verantwortung, Frankfurt a. M. 1984.
– : Technik, Medizin und Ethik, Frankfurt a. M. 1987.
– : Leben, Wissenschaft, Verantwortung, Stuttgart 2004.
Jones, Richard A.L.: Soft Machines. Nanotechnology and Life, Oxford 2004.
Kandel, Eric: Cellular Basis of Behaviour, San Francisco 1976.
Kandel, Eric et al. (Hg.): Neurowissenschaften, Heidelberg/Berlin/Oxford 1996.
Kant, Immanuel: Briefwechsel in drei Bänden, München 1912.

– : Werke, 10 Bde., hg. von W. Weischedel, Darmstadt 1983 [zitiert: KrV = Kritik der reinen Vernunft; KdU = Kritik der Urteilskraft]
Karafyllis, Nicole C. (Hg.): Biofakte. Versuch über den Menschen zwischen Artefakt und Lebewesen, Paderborn 2003.
– : Biofakte. Grundlagen, Probleme, Perspektiven, in: Erwägen Wissen Ethik 17 (4) 2006, 547-558.
Kaufmann, Stuart: Investigations, Oxford 2000.
Kay, Lily E.: Das Buch des Lebens. Wer schrieb den genetischen Code? München, Wien 2001.
Kemp, Martin: Bilderwissen. Die Anschaulichkeit naturwissenschaftlicher Phänomene, Köln 2003.
Kingsland, Sharon E.: Modelling Nature. Episodes in the History of Population Ecology, Chicago/London 1988.
Kielmeyer, Carl Friedrich: Ueber die Verhältnisse der organischen Kräfte unter einander, 1793, Marburg 1993.
Knorr Cetina, Karin: Wissenskulturen. Ein Vergleich naturwissenschaftlicher Wissensformen, Frankfurt a. M. 2002.
Kochanski, Zdzislaw: Kann Biologie zur Physiko-Chemie reduziert werden? in: Kanitscheider, Bernulf (Hg.), Materie – Leben – Geist, Berlin 1979, 67-120.
Köchy, Kristian: Ganzheit und Wissenschaft. Das historische Fallbeispiel der romantischen Naturforschung, Würzburg 1997.
– : Zwischen der ›Physik des Organischen‹ und der ›Organisierung der Physik‹, in: Journal für General Philosophy of Science 30 (1), 1999, 59-85.
– : Die Einheit des Individuums und seine Destruktion, in: Kessler, Hans (Hg.), Leben durch Zerstörung? Würzburg 2000, 106-141.
– : Organische Vollkommenheit. Zur Funktion des Lebendigen in Leibniz' Auseinandersetzung mit dem Theodizeeproblem, in: Poser, Hans (Hg.), Nihil sine ratione, Bd. 2, Berlin 2001, 620-627.
– : Philosophische Grundlagenreflexion in der Bioethik, in: Sass, Hans-Martin et al. (Hg.), Medizinethische Materialien, Bochum, Heft 135, 2002.
– : Vom Genom zum Proteom, in: Vom Genom zum Proteom, GID Spezial, Genetischer Informationsdienst, 2003 (4), 13-20.
– : Perspektiven des Organischen. Biophilosophie zwischen Natur- und Wissenschaftsphilosophie, Paderborn/München/Wien/Zürich 2003b.

– : Das Konzept der ›Wechselwirkung‹ bei Kant, in: Ingensiep, Hans Werner et al. (Hg.), Kant-Reader, Würzburg 2004, 78-106.
– : Zur naturphilosophischen Dimension der Debatte um Differenzierungsgrad und Potenzialität von Stammzellen und Klonen, in: Biospektrum 11 (1), 2005, 50-52.
– : Zur Funktion des Bildes in den Biowissenschaften, in: Majetschak, Stefan (Hg.), Bild-Zeichen, München 2005b, 215-240.
– : Norm und Kontext, in: Dabrock, Peter/Ried, Jens (Hg.), Therapeutisches Klonen als Herausforderung für die Statusbestimmung des menschlichen Embryos, Paderborn, 2005c, 69-88.
– : Was kann die Neurobiologie nicht wissen? in: Köchy, Kristian/Stederoth, Dirk (Hg.), Willensfreiheit als interdisziplinäres Problem, Freiburg 2006, 145-164.
– : Was ist der Mensch? in: Politische Bildung 2, 2006b, 63-87.
– : Lebewesen im Labor, in: Köchy, Kristian/Schiemann, Gregor (Hg.), Natur im Labor, Sonderheft der Zeitschrift Philosophia naturalis 43 (1), 2006c, 74-110.
– : Gentechnische Manipulation und die Naturwüchsigkeit des Menschen, in: Sorgner, Stefan Lorenz et al. (Hg.), Eugenik und die Zukunft, Freiburg/München 2006d, 71-84.
– : Die Idee der Evolution in der Philosophie Herbert Spencers, in: Asmuth, Christoph/Poser, Hans (Hg.), Evolution, Modell, Methode, Paradigma, Würzburg 2007, 53-78.
– : Selbstreferentialität. Die methodologischen Vorgaben der kognitiven Neurowissenschaften und das Freiheitsproblem, in: Heilinger, Jan-Christoph (Hg.), Naturgeschichte der Freiheit, Berlin 2007b, 179-208.
Köchy, Kristian/Norwig, Martin (Hg.): Umwelt-Handeln. Zum Zusammenhang von Naturphilosophie und Umweltethik, Freiburg 2006.
Köchy, Kristian/Schiemann, Gregor (Hg.): Natur im Labor, Schwerpunktthema in: Philosophia naturalis Bd. 43, Heft 1, Frankfurt a. M. 2006.
Kohler, Robert E.: Lords of the Fly. Drosophila Genetics and the Experimental Life, Chicago, London 1994.
Kolakowski, Leszek: Die Philosophie des Positivismus, München 1971.
Krohs, Ulrich/Toepfer, Georg (Hg.): Philosophie der Biologie, Frankfurt a. M. 2005.
Krebs, Angelika (Hg.): Naturethik, Frankfurt a. M. 1997.

Kremyanskiy, V.I.: Certain Peculiarities of Organisms as a ›System‹ from the Point of View of Physics, Cybernetics, and Biology, in: Buckley, Walter (Hg.), Modern Systems Research for the Behavioural Scientist, Chicago [4]1974, 76-80.

Kruse, Lenelis: Nähe und Distanz. Ethische Probleme der Psychologie, in: Lenk, Hans (Hg.), Humane Experimente? München/Paderborn 1985, 121-137.

Kühn, Manfred: Kant. Eine Biographie, München 2003.

Küppers, Günter et al.: Umweltforschung – die gesteuerte Wissenschaft, Frankfurt a. M. 1978.

Kuhn, Thomas S.: Logic of Discovery or Psychology of Research, in: Lakatos, Imre/Musgrave, Alan (Eds.), Criticism and the Growth of Knowledge, Cambridge 1970, 1-24.

– : Die Entstehung des Neuen, Frankfurt a. M. 1977.

– : Die Struktur wissenschaftlicher Revolutionen, Frankfurt a. M. [11]1991.

Kullmann, Wolfgang: Die Teleologie in der aristotelischen Biologie, Heidelberg 1979.

Kullmann, Wolfgang/Föllinger, Sabine (Hg.), Aristotelische Biologie, Stuttgart 1997.

Kutschmann, Werner: Der Naturwissenschaftler und sein Körper, Frankfurt a. M. 1986.

Lakatos, Imre: Die Geschichte der Wissenschaft und ihre rationalen Rekonstruktionen, in: Diederich, Werner (Hg.), Theorien der Wissenschaftsgeschichte, Frankfurt a. M. 1974, 55-119.

Lamarck, Jean-Baptiste de: Zoologische Philosophie, 1809, Frankfurt a. M. 2002.

Lange, Friedrich Albert: Geschichte des Materialismus, Iserlohn [3]1876.

Lange, Rainer: Experimentalwissenschaft Biologie, Würzburg 1999.

La Mettrie, Julien Offray de: Der Mensch eine Maschine, 1747, Leipzig 1984.

Lederman, Muriel/Burian, Richard M. (Eds.): The Right Organism for the Job, in: Journal of the History of Biology 26 (2), 1993, 233-368.

Lenk, Hans (Hg.): Wissenschaft und Ethik, Stuttgart 1991.

Lennox, James G.: Aristotle's Philosophy of Biology, Cambridge 2001.

Lenoir, Timothy: Kant, Blumenbach, and Vital Materialism in German Biology, in: Isis Vol. 71 (256), 1980, 77-108.

– : The Goettingen School and the Development of Transcendental Naturphilosophie in the Romantic Era, in: Studies in the History of Biology 5, 1981, 111-205.
– : Politik im Tempel der Wissenschaft, Frankfurt a. M./New York 1992.
Leopold, Aldo: A Sand County Almanac, New York 1949.
Levins, Richard/Lewontin, Richard: The dialectical biologist, Cambridge/London 1985.
Lohmann, Michael (Hg.): Wohin führt die Biologie? München 1970.
Lorenz, Konrad: Die Naturwissenschaft vom Menschen, München/Zürich 1992.
Lovejoy, Arthur O.: Die große Kette der Wesen, Frankfurt a. M. 1985.
Löther, Rolf: Wegbereiter der Genetik. Gregor Johann Mendel und August Weismann, Frankfurt a. M. 1990.
Löw, Reinhard: Philosophie des Lebendigen. Der Begriff des Organischen bei Kant, sein Grund und seine Aktualität, Frankfurt a. M. 1980.
– : Leben aus dem Labor, München 1985.
Mach, Ernst: Erkenntnis und Irrtum, 1926, Berlin 2002.
Mahner, Martin/Bunge, Mario: Foundations of Biophilosophy, Berlin/ Heidelberg 1997.
Maier, Wolfgang/Zoglauer, Thomas (Hg.): Technomorphe Organismuskonzepte, Stuttgart-Bad Cannstatt 1994.
Majetschak, Stefan: Sichtvermerke, in: ders. (Hg.), Bild-Zeichen, München 2005, 97-122.
Maturana, Humberto: Biologie der Realität, Frankfurt a. M. 1998.
Maturana, Humberto/Varela, Francisco J.: Der Baum der Erkenntnis, Bern/München [3]1991.
Mayr, Ernst: Eine neue Philosophie der Biologie, Darmstadt 1991.
– : Die Entwicklung der biologischen Gedankenwelt, Berlin/Heidelberg 2002.
McLaughlin, Peter: What Functions Explain, Cambridge 2001.
Merleau-Ponty, Maurice: Das Sichtbare und das Unsichtbare. München 2004.
Merton, Robert K.: Wissenschaft und demokratische Sozialstruktur, in: Weingart, Peter (Hg.), Wissenschaftssoziologie Bd. 1, Frankfurt a. M. 1972, 45-59.
Mieth, Dietmar: Die Diktatur der Gene, Freiburg 2001.

Morange, Michel: L'atome biologique, in: Sciences et Avenir 136, 2003, 17-20.

Münte, Thomas F./Heinze, Hans-Jochen: Beitrag moderner neurowissenschaftlicher Verfahren zur Bewusstseinsforschung, in: Pauen, Michael/Roth, Gerhard (Hg.), Neurowissenschaften und Philosophie, München 2001, 298-328.

Murphy, Michael P./O'Neill, Luke A.J. (Hg.): What is Life? The Next Fifty Years, Cambridge 1995.

Nationaler Ethikrat (Hg.): Biobanken, Berlin 2003.

Neurath, Otto: Wissenschaftliche Weltauffassung, Sozialismus und Logischer Empirismus, Frankfurt a. M. 1979.

Novartis Foundation Symposium: The Limits of Reductionism in Biology, Chichester/New York et al. 1998.

Odum, Eugene P.: Grundlagen der Ökologie Bd. 1, Stuttgart/New York 1980.

Oertel, Dagmar/Grunwald, Armin: Potenziale und Anwendungsperspektiven der Bionik, Berlin 2006.

Oksanen, Markku/Pietarinen, Juhani (Eds.): Philosophy and Biodiversity, Cambridge 2004.

Pauen, Michael/Roth, Gerhard (Hg.): Neurowissenschaften und Philosophie, München 2001.

Peirce, Charles Sanders: Naturordnung und Zeichenprozess. Schriften über Semiotik und Naturphilosophie, Frankfurt a. M. 1991.

– : Schriften zum Pragmatismus und Pragmatizismus, Frankfurt a. M. 1991b.

Pennisi, Elizabeth: Behind the Scenes of Gene Expression, in: Science 293, 2001, 1064-1067.

Pera, Marcello: The Ambiguous Frog: The Galvani-Volta Controversy on Animal Electricity, Princeton 1992.

Perler, Dominik/Wild, Markus (Hg.): Der Geist der Tiere, Frankfurt a. M. 2005.

Pfordten, Dietmar v. d.: Eine Ökologische Ethik der Berücksichtigung anderer Lebewesen, in: Ott, Konrad/Gorke, Martin (Hg.), Spektrum der Umweltethik, Marburg 2000, 41-65.

Plessner, Helmuth: Die Stufen des Organischen und der Mensch, 1928, in: Gesammelte Schriften, Bd. 4, Darmstadt 2003.

Popper, Karl R.: Logik der Forschung, Tübingen [10]1994.

Potter, Van Rensselaer: Bioethics. Bridge to the Future, Englewood Cliffs 1971.
Querner, Hans/Jahn, Ilse: Christoph Gottfried Jacobi und die Süßwasserpolypen des Abraham Trembley, Marburg 2003.
Ramón y Cajal, Santiago: Regeln und Ratschläge zur wissenschaftlichen Forschung, 1935, München/Basel 1964.
Rath, Matthias: Eintrag ›Leben, philosophisch‹, in: Lexikon der Bioethik Bd. 2, Gütersloh 2000, 529-534.
Regan, Tom: The Case for Animal Rights, Berkeley/Los Angeles 1983.
Rehmann-Sutter, Christoph: Leben beschreiben. Über Handlungszusammenhänge in der Biologie, Würzburg 1996.
– : Zwischen den Molekülen. Beiträge zur Philosophie der Genetik, Tübingen 2005.
Rensch, Bernhard: Biophilosophie auf erkenntnistheoretischer Grundlage, Stuttgart 1968.
Rheinberger, Hans-Jörg/Hagner, Michael: Plädoyer für eine Wissenschaftsgeschichte des Experiments, in: Theory Bioscience 116, 1997, 11-31.
Rheinberger, Hans-Jörg: Experimentalsysteme und epistemische Dinge, Göttingen 2001.
Roco, Mihail C./Bainbridge, William S. (Eds.): Converging Technologies for Improving Human Performance, Dordrecht/Boston/London 2003.
Roe, Shirley A.: Matter, Life and Generation. 18th-Century embryology and the Haller-Wolff debate, Cambridge 1981.
Roretz, Karl: Zur Analyse von Kants Philosophie des Organischen, Akademie der Wissenschaften in Wien. Sitzungsberichte 193 (4), Wien 1922.
Rosenberg, Alexander: The Structure of Biological Science, Cambridge 1985.
Rothschuh, Karl E.: Technomorphes Lebensmodell contra Virtus-Modell, in: Sudhoffs Archiv LIV, 1970, 337-354.
Roux, Wilhelm: Beiträge zur Entwicklungsmechanik des Embryo, 1893, in: ders.: Gesammelte Abhandlungen über Entwicklungsmechanik der Organismen Bd. 2, Leipzig 1895.
– : Terminologie der Entwicklungsdynamik der Tiere und der Pflanzen, Leipzig 1912.
Ruse, Michael: The Philosophy of Biology, London 1973.
Sachsse, Hans: Die Erkenntnis des Lebendigen, Braunschweig 1968.
Sander, Klaus: Theodor Schwann und die ›Theorie der Organismen‹, in: Biologie in unserer Zeit 19 (6), 1989, 181-188.

Schleiden, Matthias Jakob: Schelling's und Hegel's Verhältnis zur Naturwissenschaft, 1844, Weinheim 1988.
Schlick, Moritz: Philosophy of Nature, 1948, New York 1968.
Schlüter, Hermann: Die Wissenschaften vom Leben zwischen Physik und Metaphysik, Weinheim 1985.
Schrödinger, Erwin: Was ist Leben? 1943, München ²1951.
Schulte, Joachim/McGuinness, Brian (Hg.): Einheitswissenschaft, Frankfurt a. M. 1992.
Schwann, Theodor: Mikroskopische Untersuchungen über die Übereinstimmung in der Struktur und dem Wachstum der Tiere und Pflanzen, 1839, in: Klassische Schriften zur Zellenlehre, Frankfurt a. M. ²2003, 79-130.
Schwegler, Helmut: Reduktionismen und Physikalismen, in: Pauen, Michael/Roth, Gerhard (Hg.), Neurowissenschaften und Philosophie, München 2001, 59-82.
Schweidler, Walter et al. (Hg.): Menschenleben – Menschenwürde, Münster 2003.
Singer, Peter: Animal Liberation. Die Befreiung der Tiere, Reinbek bei Hamburg 1996.
Sitte, Peter: Methodengefüge und Erkenntnisfortschritt, in: Verhandlungen der Gesellschaft Deutscher Naturforscher und Ärzte, Berlin 1973, 12-18.
– (Hg.): Jahrhundertwissenschaft Biologie, München 1999.
Smart, John J.C.: Philosophy and Scientific Realism, London ³1966.
Sober, Elliot: Philosophy of Biology, Oxford 1993.
Stallmach von Hain, Josef: Dynamis und Energeia, Meisenheim a.G. 1959.
Sutter, Alex: Göttliche Maschinen. Die Automaten für Lebendiges bei Descartes, Leibniz, La Mettrie und Kant, Frankfurt a. M. 1988.
Taylor, Gordon Rattray: Das Wissen vom Leben, Berlin/Darmstadt/Wien 1963.
Thienemann, August F.: Leben und Umwelt. Vom Gesamthaushalt der Natur, Hamburg 1956.
Thompson, D'Arcy Wentworth: Über Wachstum und Form, 1917, 1961, Frankfurt a. M. 1983.
Tischler, Wolfgang: Einführung in die Ökologie, Stuttgart/Jena/New York ⁴1993.
Toepfer, Georg: Zweckbegriff und Organismus, Würzburg 2004.

– : Linien, Bäume, Kreise, Netze – und die Gegenstände der Biologie, in: Kaasch, Michael et al. (Hg.), Netzwerke, Verhandlungen zur Geschichte und Theorie der Biologie Bd. 12, Berlin 2006, 79-94.

Toulmin, Stephen: Kritik der kollektiven Vernunft, Frankfurt a. M. 1983.

Trembley, Abraham: Hydra and the Birth of Experimental Biology – 1744, eds. Lenhoff, Sylvia G./Lenhoff, Howard M., CA 1986.

Trepl, Ludwig: Geschichte der Ökologie, Weinheim 1994.

Troll, Wilhelm (Hg.): Goethes Morphologische Schriften, Jena 1932.

VDI Technologiezentrum: Nanobiotechnologie I, Grundlagen und technische Anwendungen molekularer, funktionaler Biosysteme, Düsseldorf 2002.

– : Nanobiotechnologie II, Anwendungen in der Medizin und Pharmazie, Düsseldorf 2004.

Virchow, Rudolf: Cellularpathologie in ihrer Begründung auf physiologische und pathologische Gewebelehre, 1858, Hildesheim 1966.

Vollmer, Gerhard: Biophilosophie, Stuttgart 1995.

Voss, Julia: Darwins Bilder. Ansichten der Evolutionstheorie 1837-1874, Frankfurt a. M. 2007.

Walter, Henrik: Neuroimaging und Philosophy of Mind, in: Northoff, Georg (Hg.), Neuropsychiatrie und Neurophilosophie, Paderborn, München/Wien/Zürich 1997, 193-217.

Weber, Andreas: Alles fühlt. Mensch, Natur und die Revolution der Lebenswissenschaften, Berlin 2007.

Weber, Marcel: Philosophy of Experimental Biology, Cambridge 2005.

Weber, Max: Gesammelte Aufsätze zur Wissenschaftslehre, Tübingen 1973.

Weiller, Cornelius/Elbert, Thomas: Bildgebende und elektrische bzw. magnetische Verfahren in der Neuropsychologie, in: Hartje, Wolfgang/Poeck, Klaus (Hg.), Klinische Neuropsychologie, Stuttgart/New York 1997, 23-34.

Weiss, Paul A.: Das lebende System. Ein Beispiel für den Schichtendeterminismus, in: Koestler, Arthur/Smythies, J.R. (Hg.), Das Neue Menschenbild, Wien/München/Zürich 1970, 13-70.

Welträtsel und Lebenswunder: Ernst Haeckel. Werk, Wirkung und Folgen. Katalog des Oberösterreichischen Landesmuseums, Linz 1998.

Westhofen, Martin: Experiment am Menschen. Selbstbestimmung, Paternalismus, Fremdbestimmung, in: Brudermüller, Gerd et al. (Hg.), Forschung am Menschen, Würzburg 2005, 175-185.

Wieser, Wolfgang: Organismen, Strukturen, Maschinen, Frankfurt a. M. 1959.
Wilson, Edward O.: Der gegenwärtige Stand der biologischen Vielfalt, in: ders. (Hg.), Ende der biologischen Vielfalt? Heidelberg/Berlin/New York 1992, 19-36.
– : Die Einheit des Wissens, Berlin 1998.
Wilson, Jack: Biological Individuality, Cambridge 1999.
Wittgenstein, Ludwig: Philosophische Untersuchungen, 1947 ff., in: ders.: Schriften, Frankfurt a. M. 1960, 279-544.
Wittig, Frank: Maschinenmenschen: zur Geschichte eines literarischen Motivs im Kontext von Philosophie, Naturwissenschaft und Technik, Würzburg 1997.
Wobus, Anna M. et al.: Stammzellforschung und Zelltherapie, Berlin/Heidelberg 2006.
Wolff, Caspar Friedrich: Theorie von der Generation, 1764, Hildesheim 1966.
Wolters, Gereon et al. (Hg.): Concepts, Theories, and Rationality in the Biological Sciences, Konstanz 1995.
Wuketits, Franz M.: Biologische Erkenntnis: Grundlagen und Probleme, Stuttgart 1983.
– : Evolutionstheorien, Darmstadt 1995.
– : Bioethik, München 2006.
Wulf, Christoph: Anthropologie, Reinbek bei Hamburg 2004.
Zammito, John H.: ›This inscrutable principle of an original organization‹, in: Studies in History and Philosophy of Science 34, 2005, 73-109.
Ziche, Paul (Hg.): Introspektion. Texte zur Selbstwahrnehmung des Ich, Wien/New York 1999.

Kristian Köchy, geb. 1961, ist Professor für Philosophie an der Universität Kassel. Arbeitsschwerpunkte: Philosophie der Biowissenschaften, Naturphilosophie, Bioethik, Deutscher Idealismus. Veröffentlichungen u. a.: Ganzheit und Wissenschaft. Das historische Fallbeispiel der romantischen Naturforschung (1997); Hermeneutik des Lebens (Hg. mit R. Elm/ M. Meyer, 1999); Perspektiven des Organischen. Biophilosophie zwischen Natur- und Wissenschaftsphilosophie (2003); Willensfreiheit als interdisziplinäres Problem (Hg. mit D. Stederoth, 2006); Umwelt-Handeln. Zum Zusammenhang von Naturphilosophie und Umweltethik (Hg. mit M. Norwig, 2006); Natur im Labor (Hg. mit G. Schiemann, 2006).